发现科学世界丛书

地球的故事

一 凡 流 烟 编著

吉林人民出版社

图书在版编目(CIP)数据

地球的故事 / 一凡, 流烟编著. -- 长春 : 吉林人
民出版社, 2012.4
　　(发现科学世界丛书)
　　ISBN 978-7-206-08770-7

　　Ⅰ. ①地… Ⅱ. ①一… ②流… Ⅲ. ①地球–青年读
物②地球–少年读物 Ⅳ. ①P183–49

中国版本图书馆 CIP 数据核字(2012)第 068091 号

地球的故事

DIQIU DE GUSHI

编　　著：孙兴智
责任编辑：关亦淳　　　　　封面设计：七　洱
吉林人民出版社出版 发行（长春市人民大街7548号　邮政编码：130022）
印　　刷：北京一鑫印务有限责任公司
开　　本：710mm×960mm　　1/16
印　　张：11.75　　　　　　字　　数：120千字
标准书号：ISBN 978-7-206-08770-7
版　　次：2012年4月第1版　　印　　次：2023年6月第3次印刷
定　　价：45.00元

如发现印装质量问题,影响阅读,请与出版社联系调换。

目录 CONTENT 1

目 录
CONTENT
2

目录
CONTENT
4

南极上空的臭氧空洞

大气中的臭氧是紫外线作用于氧分子，氧分子分解成氧原子，氧原子和氧分子再结合而形成的。臭氧的总含量还不到地球大气分子数的百万分之一，其中90%集中在离地面10—50千米的大气层中，最大密度在20千米高度左右，被称为大气臭氧层。如果把地球大气中所有臭氧集中在地球表面上，它只能形成约3毫米厚的一层气体，总重量约为30亿吨。

大气中的臭氧浓度虽然很低，但它却可以吸收太阳辐射中人眼不可见的紫外线辐射中紫外线C的全部和紫外线B的绝大部分。紫外线C如果辐射到地面，可以杀灭地球表面一切生物；紫外线B也能杀死或严重损伤地面上的生物。臭氧层不能吸收的紫外线A恰恰是对人类有用处的，如杀灭细菌、防止佝偻病等。

因此，大气中的臭氧层实际上是地球上一切生命免受过量太阳紫外线辐射伤害的天然屏障，是地球生物圈的天然保护伞。正是由于臭氧层的存在，才使地球上的一切生命，包括人类本身得以正常生长和繁衍。如果地球大气中没有臭氧层，地球上就会没有生命。

南极大陆的大气中臭氧含量的明显减少始于20世纪70年代末，并于1982年10月在南极上空首次出现了臭氧含量低于200个臭氧单位的区域，形成了臭氧空洞。通常，南极上空臭氧空洞于9月下旬开始出现，在10月上旬臭氧空洞的深度达到最深，面积达到最大，于11月底12月初臭氧含量迅速恢复到正常值。20世纪90年代以来，南极臭氧空洞持续发展，臭氧空洞最大覆盖面积达到24平方千米，面积相当于墨西哥、加拿大和美国领土面积的总和。南极臭氧空洞的出现提醒人们，大气臭氧层——地球上一切生命的天然保护伞正在受到严重的破坏。

大气臭氧层变薄会使过量的太阳紫外线辐射到地面，给人类的生存环境带来灾难，因而引起了世界各国政府和人民的普遍关注。人们普遍关心的问题是：破坏大气臭氧层的元凶是谁？大气臭氧层是否会继续变薄？大气臭氧层变薄对人们的生存环境会有什么危害？

研究表明，南极臭氧空洞主要是人类活动造成的，人类向大气中排放的氟氯烃化合物（这种气体在大气中原来是没有的），导致了臭氧层的破坏。氯氟烃化合物是用于制冷剂、发泡剂、喷雾剂和灭火剂等的原料，这种物质在大气的平流层中经光分解成氯原子，氯原子使臭氧分解。在南极上空，由于冬季没有热能或热能很弱，气温下降，在20千米的高度，温度非常低易生成平流层云，这种云加剧了氯的催化作用。同时，被称为极区涡流的环极气流将南极大陆上空的空气团团围住，使得高纬度周围的冷空气与低纬度空气隔离开来而形成一个温度很低的区域，在这一区域内，臭氧遭到严重破坏而形成臭氧空洞。

10多年来，经科学家研究，大气中的臭氧每减少1%。照射到地面的紫外线就增加2%，人类患皮肤癌的概率就增加3%，还会受到白内障、免疫系统缺陷和发育停滞等疾病的袭击。现在居住在距南极洲较近的智利南端海伦娜岬角的居民，已尝到苦头，他们只要走出家门，就要在衣服遮不住的皮肤上，涂上防晒油，戴上太阳镜，否则半小时后，皮肤就会被晒成鲜艳的粉红色，并伴有痒痛；若臭氧层全部遭到破坏，太阳紫外线就会杀死所有陆地生命，人类也会遭到“灭顶之灾”，地球将会成为无任何生命存在的不毛之地。可见，臭氧层空洞已威胁到人类的生存了。臭氧层的破坏对植物产生难以确定的影响。近十几年来，人们对200多个品种的植物进行了增加紫外线照射的实验，其中2/3的植物显示出敏感性。一般说来，紫外线辐射的增加使植物的叶片变小，因而减少俘获阳光的有效面积，对光合作用产生影响。紫外线辐射的增加对水生生态系统也有潜在的危险。紫外线的增强还会使城市内的烟雾加剧，使橡胶、塑料等有机材料加速老化，使油漆褪色等。

"报时石"与"报时泉"

岩石能报时？听起来近乎天方夜谭，但在澳大利亚中部阿利斯西南的茫茫沙漠中，确实有一块能"报时"的奇石。屹立在沙漠中的这块怪石高达348米，周长约8 000米，仅其露在地面上的部分就可能有几亿吨重。

这块怪石通过每天很有规律地改变颜色来告诉人们时间的流逝：早晨，旭日东升，阳光普照的时候，它为棕色；中午，烈日当空的时候，它为灰蓝色；傍晚，夕阳西沉的时候，它为红色。它是当地居民的"标准时钟"，当地居民根据它一日三次的颜色变化来安排农事以及日常生活。

怪石除了随太阳光强度不同而改变颜色外，还会随着太阳光照射角度的变化而变幻形象：时而像一条巨大的、悠然漫游于大海之中的鲨鱼的背鳍；时而像一艘半浮在海面上乌黑发亮的潜艇；时而像一位穿着青衣、斜卧在洁白软床上的巨人……

为了解释怪石"报时"的现象，许多考古学家和地质学家对怪石所处的气候条件、地理环境进行了详细考察，并对怪石的结构成分等进行了深入的研究。一些科学家试图这样解释怪石产生的"怪现象"：怪石之所以会变色是由于怪石处在平坦的沙漠之中，天空终日无云，空气稀薄，而怪石的表面比较光滑，在这种情况下，怪石表面有镜子的作用，能较强反射太阳光，因而从清晨到傍晚天空中颜色的变化能相应地在怪石上得到呈现。

怪石变幻其形象则是由于太阳光在不同的气候条件下活动而产生反射、折射的数量及角度的不同，这种变化反映到人眼，即成为怪石幻形。

科学家对怪石"报时"的说法虽不能完全解释产生的原因，但也为世人稍微解开了一丝谜团。

报时泉位于广西柳州市柳江区百朋镇尧治村。泉水涨潮一般很有规律，每天早上7时、中午12时、下午17时便喷出泉水。村民就用它报时。83岁的姚世禄老人回忆小时候在村里读书，"当时没有钟表，老师就看泉水来定作息。"他说，"第一次听到哗哗水流，我们就上学；第二次响，午休；再一次看到水流过教室旁，我们就放学了。"这个习惯一直延续到20世纪80年代。村民反映，可能受大气候的影响，近20年来，此泉不是那么守时了，来潮有时提前或推延几小时。

村民还介绍说，更为奇异的是，此泉还能预报天气。如果突然一天来潮六七次，隔日即见大雨或暴雨；如有规律的涨潮，则说明天气变化相对稳定，晴雨相宜。

在乌拉圭的内格罗湖畔有一股能报时的清泉。它每天都定时喷射三次：第一次在早晨7时；第二次在中午12时；第三次在晚上7时。三次喷射时间正是当地居民吃早、午、晚餐的时间，故又称作"三餐泉"。

美国的黄石公园一向以间歇泉闻名于世，一些远道而来的旅游者到黄石公园去，主要目的就是想看一看那里的间歇泉。黄石公园里有一个叫"老实泉"的间歇泉特别有趣。这个间歇泉不仅喷发猛烈，而且特别遵守时间，总是每隔一小时左右喷发一次，从不提前，也从不迟到。所以才得了这个"老实"的美名。可是，后来因为地震，老实泉发生了变化，现在不如从前那么遵守时间了。

"倒行逆驶"之地

在杭州市留下镇小龙驹路中段发现一处斜坡，长约20米，位于北高峰下，站在坡顶看过去，坡度非常明显，南低北高，由北向南慢慢倾斜下去。

怪坡被发现后，许多好奇的司机把车开到坡底停下，车头朝向坡顶，还没等发动马力，车轮就开始缓缓滑动，接着车速越来越快，驶到坡顶，脚踩刹车才能把车停稳。

像这样的怪坡，世界上有很多，这种"怪坡"之谜引起了探险家和科学工作者的浓厚兴趣，先后提出了"重力异常""视差错觉""磁场效应""四维交错""黑暗物质"和"飞碟作用""鬼怪作祟""失重现象""黑暗物质的强大万有引力"和"UFO的神秘力量"……各种解释，众说纷纭，却难以使人信服。

视差错觉。辽宁的科技工作者认为，沈阳"怪坡"是"视差错觉"所致。沈阳化工大学物理教研室的王俊德等人，在现场将水倒在坡上，发现水果然向坡顶流去，就用水平仪测量，结果发现坡顶低于坡底1.32米。铁岭市政公司的张同等人也到"怪坡"实地考察，他们每隔10米，选定一个测量点，用塔尺逐点实测高度，结果也发现坡顶低于坡底1.34米。视差错觉是因为目击者受到了视野远处地形参照物的影响。

对四川的"怪坡"，有人提出了同样的解释。据当地派出所警官讲述，该地白天确实会有上坡轻松下坡难的感觉，可是到了晚上，一切都会恢复正常，因此所谓"怪坡"，完全是视觉错觉。他说，这条坡旁有一条河，白天往上坡走时，驾驶员会看到这条小河往下流，进而误以为自己身在下坡，往下坡走时，一切感觉正好都颠倒过来。到了晚上，由于看不到这条小河，上下坡时就不会产生错觉了。

对黎巴嫩的"怪坡"经过测算，其实根本就是一个下坡，是由于"怪坡"旁有一条高速公路，同样是下坡，而且坡度更大。于是人们以高速公路作为参照物看"怪坡"，会产生一种"怪坡"是上坡的错觉。

重力位移。美国的"怪坡"引起了科学家们的关注，他们便多次来到"重力之山"进行科学实验。结果表明：在"怪坡"上，越是质量大的物体，越是容易发生自行上坡的奇异现象。

物理学家认为，根据万有引力学说，物质结构的密度越大，则引力越强，在那些"怪坡"的坡顶之下，很可能有一块密度很大的巨石或空洞，所以引起了这种现象。

磁场作用。有研究者推测，"怪坡"的坡顶有一个巨大的磁场，吸引着车辆自行上坡。东北大学的黄畅之教授就认为，沈阳"怪坡"之所以汽车自动"上行"，很可能是磁场作用的结果。

直到今天，"上坡如下坡、下坡似上坡"的"怪坡"，依然成为人们竞相前往探奇的"世界谜地"。

"喷物洞"与"死亡洞"

世界上的洞穴、山谷星罗棋布，不可胜数，其中不少已被人类开发，成为热闹的旅游景点。但也有不少洞穴、山谷至今充满奇异的色彩……

在加拿大哈里法克斯市东部大约70多千米的地方，有一座名叫"马洪拜"的小岛，岛上有一个神秘的深坑。它形如圆锥形的螺蛳壳，直径有300米左右，坑的内侧砌有护壁。从1795年被人发现起，这个坑里就不断地冒出一些古物和财宝。其中有古币、剪刀、金箔、线团、盔甲、短剑、宝石、耐水木料和首饰等等，人们称这个神秘的深坑为"喷物洞"。它使一个难以引人注目的小岛，成为不少科学家关注的地方。

1797年的夏天，一位名叫丹尼尔·马克吉尼斯的加拿大青年，在树林里散步时无意发现一个小坑旁边有几枚古币和一把小剪刀，他好奇地用树枝向下挖了挖，又有一些物品从土中喷出来，这使他感到十分惊奇。于是，他找来一些人开始挖掘。每天向下挖一点，都会有所收获，虽然不是巨大财富，可是却吸引着人们继续干下去。挖到10米时，遇到了一个木制平台，阻挡了人们向下挖。这是一个防腐木料制成的平台，仍然很结实。他们费了很大的劲才拆除它。他们一直再向下挖了30多米深，每隔10米，就遇到一个防腐木平台，他们一共拆除了3层这样的平台，工程太艰巨了。他们实在无力再往下挖，挖掘这个坑洞的工作就被搁置下来，一晃就是8年，另一个加拿大人西米昂·林德斯联合丹尼尔组成了一支探险队，又到这里继续挖，他们挖到90多米深处，遇到了一块盖在下面坑口上的石板。上面刻有"深渊的下面埋着举世无双的珍宝"的字样，这使他们兴奋极了，胜利在望，"喷物洞"就要揭秘了，而且很可能将会获得巨大的财富。然而，他们又向下挖了不久，地下水湍急地喷涌而出，坑口瞬间就被水淹没了。人们只能空怀希望，望水兴叹。谜，又没能解开。

又过了半个世纪，法国人组织力量再探此洞，他们避开原洞口，试图从周围挖掘坑道接近水下的深洞。他们从"喷物洞"东侧100多米左右的砾石地带开始下挖。一干就是几十年，所有的尝试都没能接近深坑，地下水仍是他们的拦路虎，可能是被他们这种持之以恒的努力所感动，地下深处传递给他们又一个重要信息。1897年的一天，一张油纸在法国人挖的坑道中浮上水面。人们从这张纸上看到了"威廉·基德"的字样，这使水下的财宝有了线索。威廉·基德是一个世界著名的海盗，一生作案无数，1701年被英国政府捕获后处死。他死前曾多次求饶，愿意以巨额财富换取生命，但他的请求都被断然拒绝了。看来，"喷物洞"底就是他的藏宝之处。这使这个神秘的坑洞更加诱人，因为据权威人士估计，这里埋葬的威廉·基德的财宝总价值达数十亿美元之多，只是现在人们仍然没有好的办法挖到下面的宝藏，而科学家则更着迷于研究这个地方原来为什么会发生往上喷物的现象。

印度尼西亚爪哇岛上有个更奇的"死亡谷"，在谷中分布有6个庞大的山洞，亦称"死亡洞"，人或动物靠近洞口6—7米远，就会被一种神奇的引力吸入洞中，再难逃出。一科学工作者在战胜了巨大的吸引力后终于逃出洞口，在那里他看到了大批死鹿、死虎，还看到了死去的人。

山洞怎么会具有吸引生灵的绝招呢？被"吸"的动物或人在洞中是因饥饿而死，还是慢慢中毒致命呢？人们至今不得而知。但可以肯定的是，这些"死亡谷"中存在着某些特别的因素，是导致死亡的原因。这种因素或只对动物产生作用，或只对人类产生作用，但为什么会这样？它们的差异在哪里？这些都有待科学家进一步研究。

土耳其有座世界著名的阿波罗神庙遗址。在这座神庙附近的阿穆加利风景区，奇石瀑布很多，里面有一个令人闻名丧胆的古岩洞，被当地人称为"杀人洞"。自古以来，误入此洞而丧生的人不计其数，从来都是只见人进去，没见人出来。

为此，美国纽约大学艾林森教授冒着生命危险，亲身进入"杀人洞"探险，决心揭开此洞"杀人"的秘密。他趁到土耳其讲学之便，穿上了厚厚的防护服，戴上防毒面具和氧气瓶等设备进入洞中进行探察。进入洞内，他看到里面白骨累累，甚是恐怖。艾林森教授通过仪器监测发现洞内充满了令人窒息的二氧化碳。原来此洞附近有一些高温温泉，当温度极高的泉水流经含碳酸氢钙的地下岩石时，高温水流便溶解了岩石中的碳酸钙，并使之分解成为碳酸氢钙和二氧化碳。当这些溶有二氧化碳的温泉水流到"杀人洞"周围时，因洞内是空的，压力便骤然降低，泉水中的二氧化碳即从岩隙中释放出来，充塞于洞中。这样，人进洞后便会由于窒息而死。

地球发烧了

科学家们曾经提出警告："我们的地球有点发烧。"据报道，过去的100多年，全球平均温度增加了0.3℃到0.6℃，预计在今后的较长时间内，地球还将继续发烧。

气候模型预测指出，21世纪的气温将因二氧化碳气体增多和其他因素造成"温室效应"，地球自转速度减慢造成的"厄尔尼诺效应"明显增高。英国科学家研究小组，根据1861—1984年所取得的数据提出了新的气温估算显示，在该段时期里，气温缓慢变暖约0.7℃，与温室模型预测的气温变化相符。他们指出，在他们的气温估算中，最暖的3个年份是1980、1981、1983年，而整个记录上9个最暖年份中，有5个出现在1978年以后的各年。

与全球性气温不断升高相关的海平面升高，将对世界上许多人口稠密地区构成重大的威胁。大气中二氧化碳的"自然"浓度若翻一番，全球平均温度可能升高2℃到4℃，而在极区则升高6℃和8℃，最终将导致高纬度上的冰席融化和海水膨胀，造成海平面升高。海洋温度升高1℃，可使海平面升高60厘米。而全球冰席的融化将使海平面升高70米。但主要威胁来自陆上冰席，因为海上浮冰已经占有大致相等的海洋排水体积。东部南极洲冰席的融化将是最大的潜在威胁，可使海平面升高55米。格陵兰冰席的融化，可使海平面升高8米。

美国科学家曾提出一项减缓地球增温的计划，就是在南极海域培植大量的海藻，来吸收空气中的二氧化碳。另外在陆地上大量植树，扩大森林面积也是可行的办法。

神奇的土地

在海拔1200多米高的四川省石柱土家族自治县悦来乡寺院村土家山寨有5块能使普通水稻变成香稻的神奇水田，至今仍没有人能解开此中奥秘。

这5块地的面积约有2亩，位于寺院村数百亩梯田的中央，从外貌看不出什么特别之处，但这块地种出的稻谷却与周围水田经同耕、同播、同生长、同管理种出的稻谷判若两样，犹如生长在两片天地。最奇特的是，不论变换什么稻种，这5块田地都能产香稻，而且不论遇上多大的灾害，它总是旱涝保收，其稻香气味不减、米粒晶亮、喷香扑鼻、馥郁四邻，成饭后如用油拌过一般，胜过糯米。

据说石柱寺院香稻在汉朝时就名扬华夏，是巴蜀官吏呈献皇宫的贡品，而普通平民却只能种而不得食，所以有"皇米"和"宫米"之称。

湖南省洞口县在考察旅游资源时，发现了一处国内罕见的香地。香地位于该县门镇清水村西北方向，面积50平方米左右。这块地里不断喷射出一种奇特的香味，但只要超出香地范围一步，香味就闻不到了。据当地民众介绍：这块地被称为"宰神仙香地"，一年四季都出香气。曾有人想挖地寻宝，但一无所获。香气还随天气变化而变化。早晨露水未干时特别香，太阳如火的正午微微香，日近黄昏或雨过天晴香味又慢慢变浓。并且，其香味甚为奇特，谁也说不出是什么花草的香味。有人推测可能是地下放射出来的一种矿物质微量元素，但究竟是哪一种微量元素谁也说不清。

在长江西陵峡中的王昭君故里，即湖北省兴山县香溪口附近，有一块不用播种但能收获油菜籽的神奇土地。这块土地面积约200平方千米。当地人每年冬天将山坡上的杂草灌木砍倒，用火将草木烧掉。待几场春雨一洒，就生长出碧绿的油菜。据了解，这里方圆20多个村庄的人家，每户每年可收野生油菜籽60多千克，基本上能解决生活用油。一位70多岁的老人说："我从出生就吃这种油菜，老辈人也吃它。记得1935年发洪水，坡上的树连根拔走，可第二年春油菜照样生长。"野生油菜多年生而不绝的科学依据尚无人揭晓。

变色怪坡

重庆郊外五斗村的一座山上经常发生一些怪事：大雨来临前，山坡就会变得一片血红！这个村子的人从来不看天气预报，但是，他们也能准备得面面俱到，他们是看一个山崖——当地人叫它白人塘，看了这个山崖后就知道第二天是阴还是晴，是刮风还是下雨了？山崖也能预报天气，难道世界上真有这样的事情吗？

杨承伦家在五斗村的地理位置最高，从他家的走廊上能清晰地看到山上的白人塘。因此，杨承伦自然也就成了村子里的义务气象员。

白人塘的颜色变化为什么与天气有着如此密切的联系，山坡上到底藏着什么秘密呢？

为了找到白人塘颜色变化的真正原因，重庆师范大学地质专家杨华教授受邀来到现场实地考察。原来，村民们所说的这个白人塘是一个坡度大约有50度的小型滑坡，它的面积只有700平方米左右。

在重庆地区，滑坡虽然比较常见，但是，杨华教授还从来没有听说哪个滑坡可以随着天气变化而改变颜色。眼前这块滑坡之所以能随着天气改变颜色，会不会是土壤和岩石里含有某种特殊成分呢？为了查明原因，杨华教授从山上带回了岩石和土壤样本在实验室里进行详细分析，白人塘变色的秘密也许马上就要揭开了。

经过实地考察发现：白人塘这个地方土壤的颜色和其他地方都是一样的，并没有什么特殊的其他一些物质，它就是由我们常见的红壤和石灰岩组成在一起的。

石柱县属于中低山、丘陵地区，山多坡陡，杨华教授所说的红壤和石灰岩在这里到处都是。既然白人塘的土壤和岩石成分与周围的完全相同，那为什么只有山上的才在天气变化之前改变颜色呢？

村民们说他们观察白人塘都是在较远的地方，而杨承伦的家距白人塘的距离大约两公里左右。为什么人们能看到两公里以外白人塘颜色的变化，却看不出身边土壤和岩石颜色有任何变化呢？

原来这是光的特性造成的。光是一种能够看到的电磁波，具有直线传播的性质，同时也具有反射、折射等不同的光学性能。由于白人塘比五斗村高出了大约二三百米，这样太阳、白人塘和村子之间就形成了一定的夹角。在天气晴朗的时候，空气中粉尘和水蒸气等悬浮物较少，阳光很容易穿透空气照射到地面上。这时候，人们看到的应该主要是白人塘的反光。

在阳光的照射下，特别是在晴天，主要覆盖在滑坡体上的石灰岩块的白色光亮非常强烈，从远处看，这一块地方和周围有森林的绿色形成了鲜明的对比，形成了一片白光。

而阴雨天气来临之前，虽然空气中的云朵并不多，但是，空气中悬浮的水蒸气却在不断凝聚。在七种可见光中，蓝紫色光的穿透性最差，很容易在水滴的折射中消耗能量；空气中的水分越多，透射过去的蓝紫色光也就越少；而红光、橙光、黄光却很容易穿过这些障碍物直接照射到地面，这时候，地面上的景物就会因蓝紫色光的减少而呈现一种暖色调。

如果要下雨，空气中的水分增加，那么石灰岩块里面吸收了水分，岩石都变暗，而土壤的红光和黄光都显得比较强烈，所以从远处看，是一片橘红色。

猖獗的"水妖"与疯狂的"旱魔"

大自然在进化过程中，用一只无形的巨手把各种生命调节得十分和谐。自然链条上的各种生命环环相扣，一物制约着一物。因此，偌大的世界中，谁也不能称王称霸，谁也无法独领风骚。但是，由于人类随意地改变自然链条上的某个环节，失去制约的某种生物，就有可能变得一发不可收拾。

美丽温柔的风信子，就曾给人类增添过数不清的麻烦。20世纪初，有个传教士在巴西传教。他看到河中生长的风信子莲叶田田，红花嫣嫣，非常惹人喜爱，就采集了一些移植到非洲。没过多久，这些风信子在异乡发疯似的生长。它在尼罗河中安营扎寨，又向刚果河进军。短短3年中，竟在刚果河1600公里长的河道里长得水泄不通。

100多年前，美国的水域中生长着美丽的水浮莲。它的学名叫凤眼蓝，又称水荷花。它有碧绿的叶子、紫色的花朵，为江河湖泊增添了秀色。1884年，新奥尔良市举行的国际博览会上，人们看到这种逗人喜爱的水草，纷纷带回到自己国家的河道里栽种。

水浮莲有着极强的生命力。一株植物在90天内可以繁殖出25万支新株，一亩水面可以年产50000千克，足可以作为25—35头猪的饲料。

美丽温柔的水浮莲终于成为扼杀各种生命的"恶霸"。极强的生命力，使它长满了整个河道，交通为之阻塞。它卷在螺旋桨上，使船舶无法开动。更重要的是，它密密地长满了河道，使河面与空气隔绝，造成河里的各种生命因窒息而死亡。

　　仙人掌是沙漠植物，它耐干旱，耐风沙。有人从墨西哥带了几枝到澳大利亚栽种，开头几年，它十分讨人喜欢。春夏之交，它开出黄白色的芬芳的花朵，因此被用作庭园的绿色篱笆，受到人们的欢迎。

　　但是，它像是潘多拉盒子里逃出来的绿色小妖，在澳大利亚如鱼得水，以极快的速度传播开来。它的生命力极强，随便丢下一片，它就长成一株。无论多么干旱的地方，无论多么贫瘠的土壤，它都能茁壮成长。它身上有刺，牛羊和袋鼠都不会吃它，成了谁也奈何不得的绿色之王。不到一个世纪，在2400万公顷的土地上称王称霸。

　　人们对风信子想尽种种办法，来遏止这些"水上妖孽"的疯狂。但是，功效都不大。刚果政府、扎伊尔政府曾用水下割草机铲除风信子，但是，铲除了一批，不几日，又茂盛如初；人们用除莠剂遏止它的生长，但是，不到两个星期，它又卷土重来，还引起了水质的污染。

　　1982年9月，曼谷实行扫荡水浮莲工作周，出动了30多条船，采用人工围捞、火焰喷射、毒药杀灭等手段。虽然它暂时退却，但不多时，整个河道又长满了水浮莲。

　　澳大利亚政府对仙人掌一度也无计可施。用割草机割，用压路机压，但是，它遇土就活，不怕干旱。现代化的机械和化学试剂，一点也不能遏止它疯长的势头。

　　各种办法都无济于事，人们想：为什么这些生命在自己的故乡能安分守己，规规矩矩地服从着生态平衡呢？

　　生态学家们认为，自然界一定有制服的办法。比如说，在墨西哥，有一种专门吃仙人掌蜡质的小虫。仙人掌的蜡质被这种虫吃了以后，就容易腐烂，生长就受到了抑止。而在巴西，也有专门吃风信子的昆虫，还有水下清道夫海牛。海牛是清除河道水草的专业户，它以风信子为食。它不是东吃一堆，西吃一阵，而是有头有尾地吃，吃得非常整齐，就像用割草机整整齐齐地割过一样。它吃过的地方，水道畅通。于是，人们引进了海牛，引进了专吃仙人掌蜡质的小虫。不多久，被风信子侵占的河道开始疏通了，被仙人掌侵占的牧场又长出了绿草，大自然又恢复了平衡。

大自然的精彩魔术

1813年的一个夜晚，月光皎洁。一支法国军队正在悄悄地进行夜行军，他们的目的地是阿尔及利亚的一个后方要塞，准备对目标进行偷袭。离目的地还有1个小时的行程时，突然，前方不远的沙漠中出现了一群鸵鸟，快速地向他们这边奔跑过来。靠近时，鸵鸟又摇身一变，变成了阿军士兵，骑着面目狰狞的怪兽向法军冲来。法军顿时阵脚大乱，慌忙纷纷开枪开炮予以还击。约十几分钟后，"怪兽骑兵"又在突然之间莫名其妙地消失了，现场除了留下一些弹坑外什么也没发现。由于出现了这样一个意外情况，法军的枪炮声过早地暴露了自己的计划，使阿军得以及时地做好准备，所以法军的偷袭计划破产了。

第二次世界大战期间，纳粹德国军队为了摸清北极圈气候对海峡气候的影响，秘密赴北极地区建立探测网。哪知他们一登上冰原，就发现有数百只貂熊向他们俯冲过来。威廉上校忙下令开枪。经过大约十几分钟的激战，貂熊不见了踪影，遍地留下的却全是海鸥的尸体。威廉上校和专家们正纳闷不已的时候，当地的土著人已寻枪声而至，将他们俘获了。在被押解的路上，威廉上校把刚才的遭遇向这些土著人描述了一遍，谁知土著人听后也都茫然地摇着头，说他们从没见过这样离奇的事情。这让威廉和他的同伴更是如坠云雾。

后来，直到20世纪末，才有了一些重大进展。科学家发现，在发生这些奇异现象的地区，早晨和夜晚的温差很大，因而靠近地面的空气层密度也大。如果这时恰好有一股密度小的暖气流进入该地区上空，光线被密度不同的空气折射，就会使某些物体的影像发生严重的变形，出现一种幻化的景象。那些身高丈余的天兵、怪兽、骑兵和貂熊，便是在这种情况下出现的。后来由于枪炮火药的硝烟或是气温的升高改变了空气的密度，那些怪异现象便随之烟消云散了。

1551年4月，德国境内的一座小城马哥德堡被罗马帝国的军队围困。该城军民浴血奋战、英勇抗敌，誓与城池共存亡。但数日后，城内已弹尽粮绝，危在旦夕。就在城池马上要被攻破的紧要关头，奇迹发生了：城市的上空突然出现了三个太阳，还有几道互相交织的彩虹，十分绚丽、壮观。这一奇怪的景象使城内军民万分惊恐，都认为是不祥之兆，预示着城池马上就要被攻破。在这种思想支配下，他们都放弃了抵抗，心情悲壮地席地而坐，引颈待戮。然而，出乎他们的意料，过了好长时间，城外却是一片死寂！他们好奇地睁开眼往城外一看，竟然连个人影都没有！后来才知道，围城的敌军见到天空出现三个太阳的奇怪天象后，也认为这是一种神示，是上帝不许他们继续攻城。否则，就是违背天意，必然会遭到惩罚。他们惊恐不已，丢下马上就唾手可得的城池，灰溜溜地撤走了。

实际上，三个太阳的出现，只不过是一种天象——也就是说，是老天玩的又一种魔术而已，与上帝扯不上关系。那几天，马哥德堡城一带天气比较阴冷潮湿，空中形成足够大的冰晶，这种冰晶对太阳光进行折射或反射，就可能在太阳周围形成一些光环、光弧和光点，这些光学现象称为"晕"，其中的明亮光点称为"假日"。另外，由于分布冰晶，通过不同的角度折射阳光后，就会看到两个或三个太阳。由于"假日"现象比较罕见，再加上古罗马时代科学知识的局限性，所以他们见到这种假日之后，产生奇思怪想，也就不足为奇了。

带水壶的藤子

说起具有抗旱本领的植物，人们首先会想到墨西哥的仙人掌或我国西北的梭梭等沙漠植物。如果说在潮湿多雨的热带森林中也有抗旱本领高强的植物，许多人都会感到不可思议。其实，在我们的居室中较常见的观叶植物龟背竹及近两年开始走俏的一些凤梨科花卉和许多美丽的热带兰花，都是热带雨林中身手不凡的抗旱专家。

下面我们将认识一种具有特殊的形态和功能的雨林抗旱高手。由于目前科学家还没有给它起一个通用的中文名字，我们根据它是萝摩科瓜子金属植物，学名中的种名又来自东南亚植物探险采集家拉佛尔斯的姓氏，就暂叫它为拉氏瓜子金吧！

拉氏瓜子金是一种具有瓶状叶的植物，而且它的"瓶子"看上去与猪笼草的瓶状捕虫袋有些相似，但功能却不是食虫，而是为植株贮备饮用水，与我们去郊外旅行爬山时背的水壶有异曲同工之效。于是，人们给它取了一个十分形象的名字——"带水壶的藤子"。

拉氏瓜子金生长在东南亚的热带雨林中，是一种攀附在大树上、脚不着地的附生植物。它的茎不粗，肉乎乎的，在节上相对而生着椭圆形的扁平肉质叶片和一些气生根（供攀援用）。如果把它的茎、叶拉断，就会有白色如乳的汁液流出，表现出其家族的特色。拉氏瓜子金的花朵不大，颜色也说不上鲜艳，植株上最引人注目的是时常取代正常扁平状叶片的瓶状叶。这些挂在茎节上的瓶子长十几厘米，像一个长歪了的小香瓜。瓶口刚好位于茎节处，从节上长出的气生根正好由瓶口伸到瓶子中。当雨林中一场大雨过后，拉氏瓜子金身上挂着的瓶子就会积满了水。在雨过天晴以后，爬在大树上的植株由于没有根系深入到土壤中吸水，又不能像寄生植物那样用吸器从寄主身上吸取水分，很快就会感到干渴，此时挂在身上的一瓶瓶雨水就通过伸入到瓶中的根吸收到体内。

有趣的是，拉氏瓜子金瓶中的水往往营养丰富，就如同我们在旅行水壶中装入了含糖和果汁的饮料。那么这些物质又是从哪儿来的呢？原来，在瓶中没有注入雨水时，时常有一些栖息在树上的昆虫宿营，并把食物运在瓶中享用，在它们饱餐后还会留下不少残羹剩饭。同时，敞口的瓶中也会落入灰尘和树木枝叶的遗体碎屑。经雨水浸泡和高温作用，这些有机物便会分解，加上尘土中的一些物质，也就变成了很不错的营养液。

澳大利亚的"魔湖"

澳大利亚的东部有一个神奇的湖泊——艾尔湖。艾尔湖是澳大利亚最大的浅水盐湖。位于南澳大利亚中部偏东北，皮里港北400公里。艾尔湖的湖水时有时无：也许头一年你来到这里的时候，在你眼前是一片碧波荡漾，但是，等你次年再到这个地方的时候，湖水已经消失不见，恭候你的只是一个盐壳了。然而，一段时间后，它又会水盈盈地出现了……

艾尔湖位于澳大利亚的腹地，是以第一个看到该湖的英国人爱德华·约翰·艾尔的名字命名的。不过当时他看到的不是一个湖水充盈的湖泊，而是一个毫无生气的"盐湖"，更确切地说，他看到的只是白色的盐，艾尔称之为"死亡的心脏"。

据说在此之前，一个考察队也来过这个湖，他们看到的和艾尔看到的差不多——一个小盆地，盆地上覆盖着一层厚厚的盐。他们觉得这里的情况没有什么值得研究的，不久之后便打道回府了。

30年后，又一支考察队来到了这里。此时，呈现在考察队员面前的是一个碧波粼粼、生机勃勃的湖泊，湖畔上不仅草木繁茂，不少鸟儿也将家安在了这里。考察队在艾尔湖待了一段时间后就回去了。第二年他们带着各种测量仪器又来到这里，准备测量该湖的面积。不过，一到湖边他们立即就傻眼了，去年的湖泊不见了，取而代之的是一个覆盖着盐层的小盆地，其他的生命迹象也消失殆尽。考察队非常疑惑，但是他们也不知道这是怎么回事，只好带着疑问无功而返。直到1870年以后，人们才在艾尔湖湖水暴涨的时候测出了该湖的面积。这是一个什么样的湖泊，为什么它会时而出现，时而消失？这究竟有着什么样的秘密呢？

艾尔湖实际上是由南、北两个湖泊组成的，两湖之间有戈伊德水道连接，南艾尔湖的面积较北艾尔湖小。艾尔湖的湖面低于海平面12米，湖盆最低点在海平面下15米，是大洋洲的最低点。

人们通过观察发现，艾尔湖是一个时令湖，每隔3年左右，它就会"失踪"一次。艾尔湖附近地区较为干燥，年均降水量不足120毫米，年蒸发量却高达2500毫米。该湖没有出海口，但为它供水的河流，常常行到半路就因蒸发和渗漏损失掉了，根本无法到达艾尔湖。这就造成艾尔湖水面经常干涸，蒸发掉湖水的艾尔湖就成为一个盐池了。

当遇到特大降水的时候，河流的水才有可能进入艾尔湖，此时艾尔湖暂时充水，湖面随之扩大，这时候的艾尔湖才算是名副其实。但是艾尔湖很难被充满，最近一次湖水充满的记录是在1950年，这一年澳大利亚东部曾有大量降水，大量的水注入通往艾尔湖的库泊河和沃伯顿河，艾尔湖的水也随之暴涨。据说这是艾尔湖有史以来的第一次湖水泛滥，当时的湖水深度达到了4.6米，甚至可以行驶帆船。

艾尔湖是否有水，湖水的深度如何，与当地的降雨量有着极大关系。据记录显示，艾尔湖每隔半个世纪才会发生完全被水充满的情况。

如此说来，艾尔湖并不是一个"死亡的心脏"，当遇到合适的雨季的时候，它就开始复苏搏动。

艾尔湖的有趣现象，不仅吸引了科学家们对其进行研究，就连其他行业的人也想在这里创造出一些奇迹。20世纪60年代，在艾尔湖的盐层上，一项新的世界纪录产生了。创造它的人是英国人唐纳德·坎贝尔，他驾驶着重达4.4吨的"蓝鸟"汽车行驶在艾尔湖的盐层上。他当时行驶的最高时速达到了715千米，这是一项全新的世界地面车速记录。

俄勒冈漩涡

美国俄勒冈州格兰特山岭和沙甸之间的地方，有一片似具魔法的森林：鸟儿飞过森林上空时，就开始扑腾起来，好像有一种力量粘住它的翅膀，使它往下坠；马儿来到森林附近，也会惊恐地回避，拒绝朝前走。这片森林的中心就是有名的"俄勒冈漩涡"所在地。

这里有一座古旧的木屋，其歪斜程度犹如比萨斜塔。走进木屋，会感到有一种巨大的拉力把你往下拉，就像是地心引力突然加强了。如果往后退，还会感到有一只无形的手将你拉向木屋中心。

在这座木房子里，任何成群漂浮着的物体都会聚成漩涡状。在小屋里吸烟，上升的烟气即使有风也是慢慢地流动，逐渐加速旋转成漩涡状。撒出撕碎的纸片也飞舞成漩涡，就好像有人在空中搅拌纸片似的。

许多科学家对此谜进行过长时间考察，他们用铁链连着一个13公斤重的钢球，把它吊在木屋的横梁上，这个钢球明显地违背了重力定律，倾斜成某个角度，晃向"漩涡"中心。你可以轻易地把钢球推向"漩涡"中心，但要把它推向外却很难。

疯狂的石头

石头大概是世界上最恒久不变的东西之一，正因为它坚固耐久，所以人们才用它们来作为建筑材料。但在罗马尼亚，人们却发现了一种奇特的会生长的石头，这些会迅速生长的石头让科学家们都迷惑不解。

这些石头位于罗马尼亚库斯特思梯一个小村庄附近，小的只有一个鸡蛋那么大，大的则有30米高。这些石头奇形怪状，仿佛来自天外。在晴天或者干燥的日子，它们就像处于休眠状态一样，外形没有丝毫变化，但在下雨的日子或者潮湿的季节，它们就会像蘑菇一样开始生长，仿佛有生命一样，而且生长出的部分与原先的石头一样，仍然坚硬无比。

这一神奇的现象引起了科学家们的注意，一般而言，作为无机物的石头，它们在自然界中的风化变形是以千年来计算的，而像这种只要下一场雨就能够迅速生长的石头的确是鲜为人知。

有科学家提出一种理论来解释这一奇特的现象，他们认为在这些会生长的石头内部有一种特殊的矿物质，这种矿物质在遇到从石头外部渗进去的水时就会发生一种特殊的化学反应，导致石头从内核向外膨胀，从而使石头生长。当然，这只是一种推测。如今，世界各地的地质学家们纷纷来到这座偏僻的罗马尼亚的村庄，试图解释会生长的石头之谜。同时，当地人也为这些石头建立了一座地质博物馆，以供更多的人研究和参观。

印度西部马哈拉斯特拉邦叫希沃布里的村子中，有一座苏菲派教圣人库马尔·阿利·达尔维奇的神庙。庙前空地有两块各重90公斤左右的"圣石"，能随人们的喊叫声而自动离地腾空。当人们用右手的食指放在"圣石"底部，异口同声且不停顿地喊着"库马尔·阿利·达尔维——奇——奇——奇"时，且发"奇"字时的声音尽可能拖得长一些，这样，沉重的石头就会像活人般顿时从地上弹跳起来，悬升到约2米的高度。直到人们喊得上气不接下气时，它才会落回到地上。

沉重的岩石飘然离地的秘密何在？难道人们采用的特定方式能够改变重力作用吗？来自人体的信息（语言与动作）是如何在某种程度上抵消重力的效果的呢？这些都是悬而未解之谜。

在北缅甸北部的森林地带有一块会"哭"的奇异岩石。平时寂静无声，与一般岩石没有什么区别。但每逢阴雨天，它就会发出像人类哀号般的哭泣声。这块石头被列为缅甸十大奇观之一，前来倾听它"哭诉"的游客络绎不绝。地质学家曾多次进行实地考察，但迄今未能解开它的发音之谜。

在法国与西班牙交界处的比利牛斯山中，有一块会哭的岩石，人们称它"哭岩"。这块不足30米高的岩石外形并没有什么奇特之处，但在天气晴朗的午后它会发出像女孩哭泣的声音。世界各地的游客被这一神奇现象所吸引，纷纷前来，兴致勃勃地听"哭岩"的"表演"。

在广西靖县，有个叫"牛鸣坳"的山坳，横卧着两块巨岩，中间留"一线天"让人通行。左边那块三角形的巨岩，有汽车那么大，远看犹如卧在地上的一头大灰牛。岩石表面光滑，内有许多交错的孔洞。游人向洞吹气，便发出一阵阵雄浑的牛叫声，气越大，声越响，顿时群山共鸣，势如群牛呼应。古人有诗称"伏石牛鸣吹月旋"，意思就是这里石牛一叫，月亮也会跟着旋转起来，用来形容牛鸣石的神奇。

牛鸣石是浅灰色的石灰岩，被雨水溶蚀出许多孔洞，蚂蚁、蛇、鼠和鸟类穿行其中，把毛糙的洞壁打磨光滑了。人往一个洞口吹气，互相串通的孔洞受空气摩擦，便产生铜管乐器的效应，发出动听的牛鸣声。

东山岛位于福建省东南部，古称铜山，是著名的海滨风景区。东山岛的闻名，除了美丽的热带海滨风光外，还因为岛上有一块奇石——风动石，它被誉为"天下第一奇石"。

风动石，屹立于铜山古城东门海滨。石高4.73米，宽4.57米，长4.69米，重20多吨，外形像一只雄兔，斜立于一块卧地盘石上，两石吻合点仅有几厘米见方。当海风从台湾海峡吹来的时候，强劲的风会使风动石微微晃动让人觉得岌岌可危，可风停后，风动石也随之平稳如初了。

风动石不仅在风的吹拂下会摇晃，人力也能使其晃动。如果找来瓦片置于石下，选择适当的位置，一个人就能把这硕大的奇石轻轻摇动起来。此时，瓦片"咯咯"作响，顷刻间化为粉，奇石摇动的轨迹清晰可见。

1918年2月13日，东山岛发生7.5级地震，山石滚落，屋倒人亡，可风动石却安然无恙。

"七七事变"后，日军企图搬走风动石，日舰"太和丸"号用钢丝索系于风动石上开足马力，可多条钢丝索被拉断了，风动石仍纹丝未动，最后日军只得放弃这一企图。

1964年夏天，意大利电影剧作家特奈利在一个山洞中发现了一块与众不同的怪石，上面有人工雕刻的图案，琢磨得光亮圆滑。令人惊奇的是，这块石头在一个风雨交加的夜晚，在闪电的一瞬间，在特奈利住所的墙上投影下一个栩栩如生的远古时代的人像，其表情惊恐万分，似乎是面对一只凶残的野兽。

后来，特奈利又在世界各地找了很多这样的石头，如一块美国石头，投的影是一个戴头盔的人，把刀插进一头野兽的肚子；另一块德国石头，却显示出两人拥抱的影像。

特奈利对这些石头进行了仔细研究，并提出了许多问题，如这些石头真是远古时代洞居人的遗物吗？远古人用什么工具把图案雕刻在石头上？这些图案代表什么？为什么这石头能反映出图像呢？然而，到目前为止，还没有人能够回答这些问题。

奇特的村庄

在地球上，人类建立了大大小小的村庄。有些村庄虽地处偏远，却以奇异的风俗和独特的景观吸引着人们。

● 一天两次"日出日落"

奥拉索村坐落在意大利与瑞士的交界处，每逢冬季，这里的居民每天都可以欣赏到两次"日出日落"。造成这种奇景的原因是：奥拉索村附近有一座海拔2000米的高山——里加里山，这座山是由两个山峰组成的，两峰之间还隔着一个宽阔的山坳。

日出时，太阳先在山峰的一侧露出小半边脸——这是第一次日出。将近中午时分，太阳逐渐南移，被第二个山峰遮住，造成第一次"日落"。这时，村子里一片漆黑，人们只有开灯才能看得见周围的物体。

过了一会儿，太阳在两峰之间的山坳出现，这时，阳光再度照耀，雄鸡再次报晓，形成第二次"日出"。等到黄昏时分，太阳又被第二座山峰遮没，天色转暗，造成第二次"日落"。

● 现代化的"海底村庄"

1912年，几位法国科学家在靠近苏丹港的红海海面下14米处建立了世界上第一个"海底村庄"。之后，一群苏丹人自告奋勇迁往该村，成为第一代村民。

在那里，屋顶是锥形的，墙壁及所有的梁柱都采用极其坚固的特殊钢材，而屋内的厅、室则呈放射状分布，即客厅居中，卧室环列四周，这样才能分散海水的强大压力。

半个多世纪以来，"海底村庄"内设备越来越先进，电灯、电话、电视和冷气设备等应有尽有，村民们的生活也与陆地上的现代人没有什么区别。如果他们想游到海面上，只需穿上潜水服，开启客厅中的一个盖板，然后穿过一条密封的玻璃钢通道，就可以轻松地从海底"走"到海面上来。

● 半数村民是"独眼人"

位于巴基斯坦信德省北部的阿比达尼村是一个远近闻名的"独眼村"，该村一半以上的居民只有"一只眼睛"。

"独眼村"被世人所知，还有一个有趣的故事。据说有一次，邻村的一户人家被盗，这家人立即报了案，并告诉警察小偷是个"独眼"，行窃后朝着阿比达尼村的方向逃走了。于是，警察到阿比达尼村寻找嫌犯。不料，当警察来到这个村子后，发现眼前竟然有那么多的"独眼人"，根本不知道该抓哪个。

据悉，村民们出生时双眼视力是正常的，失明是后来患上眼疾造成的。但奇怪的是，患眼疾的多为男性，而且多数患者都是左眼失明。

● 每家有对双胞胎

在印度北部城市阿拉哈巴德附近，有一个小村庄。该村共600多人，却有33对双胞胎，而在一般情况下，600人中有两对双胞胎就算高比例了。

在过去的15年中，该村妇女生双胞胎的突然急剧增多。因此，村子里常常会闹出这样的笑话：同一个孩子要么被喂了两次饭，要么就是被父亲揍了两次。而在当地的学校中，老师认错双胞胎学生的事情几乎天天都会发生。

目前，科学家们还不能确定村里的双胞胎出生率如此之高仅仅是一种偶然现象，还是和村里的自然环境有关。

"禁区"中的生命

根据地球生命发展规律，生物的生存需要水、阳光、空气和适宜的温度。然而，由于科学技术的发展，人类对自然的探索愈加深入和广泛，近几十年来发现许多"生命的禁区"里也有生命，被称为极端生物。

2000米到3000米深的海底，不仅压力很大，而且没有阳光，漆黑一片，除了海底火山附近，大多数地方还很冷。这样的地方，居然也有生命！这不能不使人更加吃惊。

1974年，日本人修理海底电缆时，发现2500米深的电缆上附着有虾、乌贼、章鱼、蜗牛、扇贝等15种动物。它们吃什么？科学家首先想到了这个问题。陆地、浅海的生物有一条"光合食物链"，是靠绿色植物利用阳光进行光合作用，制造有机物来维持生命的存在。没有阳光，不能进行光合作用，地面生物就无法生存了。但是在2000到3000米深的海底，没有阳光的地方，各种生物又是以什么为食物来维持生命呢？科学家从海底采集的水样中发现了奥妙。原来海底热泉水从地下带上来许多硫酸盐，硫酸盐在高温高压下变成了有股臭鸡蛋味的硫化氢，一些细菌以硫化氢为营养大量繁殖起来，小动物就以细菌为食，大动物又以小动物为食，这样它们就形成了"硫酸盐——硫化氢——细菌——小动物——大动物"的新的食物链来维持一系列生命。

科学家们欣慰地舒了一口气，以为问题得到了解决，生物在冷、暗环境中生存的奥秘已经揭开，可以画上一个句号了。但事实并非如此。

1985年，日本科学家岛屿村英纪，乘坐法国深海潜艇诺特鲁号，下潜到日本海的襟裳岬海峡4000米处，测得海水温度在0℃以下。就在这种环境中，仍发现了很多海洋动物，有鱼类、海参、白粉虾、红色的海葵，5条腿和11条腿的海星，还有很多叫不出名字的动物，许多海底小洞中还有海蚯蚓。那些鱼的形状同浅海的很不一样，其中有两种更是奇特，一种鱼黑身白脸、身体粗壮、脸瘦得可怜，下颚上垂着两根尖刺；尾巴又细又长，能像蛇那样弯曲蜿蜒。另一种鱼黑底白斑，下唇和胸部垂着三根长刺，尾巴也细长能弯曲。

这些海洋动物对潜艇的强光及螺旋桨的声音没有反应，可见是又瞎又聋。

苏联科学家在1万米的深海中发现一种黑色的小虾和一种鳊鱼。美国科学家甚至用特殊的捕捉器在1.1万米的马里亚纳海沟，捕到一种与虾相似的甲壳动物。

加拿大寒带海域有一种背甲色彩瑰丽的海龟，叫锦龟。夏天，母锦龟在沙滩上挖个浅洞产卵后离去，秋天，幼龟孵出脱壳，留在洞中不动，等待冬天来临。冬天，海滩气温低达零下8℃，幼龟进入冬眠状态，没有一丝生气，如同死了一般。春回大地，冰雪解冻，幼龟才开始第一次心跳和呼吸，然后爬向大海，游往远方。

恐龙灭绝之谜

我们人类，已在地球上生活了二三百万年，这段历史应当说不算短了。可是与恐龙的生存时间相比较，那还只是一瞬间。

在两亿多年前的中生代，大量的爬行动物在陆地上生活，因此中生代又被称为"爬行动物时代"，大地第一次被脊椎动物广泛占据。那时的地球气候温暖，遍地都是茂密的森林，爬行动物有足够的食物，逐渐繁盛起来，种类越来越多。它们不断分化成各种不同种类的爬行动物，有的变成了今天的龟类，有的变成了今天的鳄类，有的变成了今天的蛇类和蜥蜴类，其中还有一类演变成今天遍及世界的哺乳动物。

恐龙是所有爬行动物中体格最大的一类，很适宜生活在沼泽地带和浅水湖里，那时的空气温暖而潮湿，食物也很容易找到。所以恐龙在地球上统治了几千万年的时间，但不知什么原因，它们在6500万年前很短的一段时间内突然灭绝了，今天人们看到的只是那时留下的大批恐龙化石。

不知有多少科学家试图揭开恐龙断子绝孙的秘密，但总是不能自圆其说。随着自然科学中许多学科的相互渗透，近年来又出现了一些新的关于恐龙灭绝的说法。

关于恐龙灭绝的原因，人们仍在不断地研究中。长期以来，最权威的观点认为，恐龙的灭绝和6500万年前的一颗大陨星有关。据分析，当时曾有一颗直径7—10公里的小行星坠落在地球表面，引起一场大爆炸，把大量的尘埃抛入大气层，形成遮天蔽日的尘雾，导致植物的光合作用暂时停止，恐龙因此而灭绝了。

小行星撞击理论，很快获得了许多科学家的支持。1991年，在墨西哥的尤卡坦半岛发现一个发生在久远年代的陨星撞击坑，这个事实进一步证实了这种观点。今天，这种观点似乎已成定论了。

科学家们为我们描绘了6500万年前那壮烈的一幕。有一天，恐龙们还在地球乐园中无忧无虑地尽情吃喝，突然天空中出现了一道刺眼的白光，一颗直径10公里的相当于一座中等城市般大的巨石从天而降。那是一颗小行星，它以每秒40公里的速度一头撞进大海，在海底撞出一个巨大的深坑，海水被迅速汽化，蒸气向高空喷射达数万米，随即掀起的海啸高达5公里，并以极快的速度扩散，冲天大水横扫着陆地上的一切，汹涌的巨浪席卷地球表面后会合于撞击点的背面一端，在那里巨大的海水力量引发了德干高原强烈的火山喷发，同时使地球板块的运动方向发生了改变。

那是一场多么可怕的灾难啊。小行星撞击地球产生了铺天盖地的灰尘，极地雪融化，植物毁灭了，火山灰也充满天空。一时间暗无天日，气温骤降，大雨滂沱，山洪暴发，泥石流将恐龙卷走并埋葬起来。在以后的数月乃至数年里，天空依然尘烟翻滚，乌云密布，地球因终年不见阳光而进入低温中，苍茫大地一时间沉寂无声。生物史上的一个时代就这样结束了。

但也有许多人对这种小行星撞击论持怀疑态度，他们认为：蛙类、鳄鱼以及其他许多对气温很敏感的动物都挺过了白垩纪而生存下来。这种理论无法解释为什么只有恐龙死光了。迄今为止，科学家们提出的对于恐龙灭绝原因的假想已不下十几种，比较富于刺激性和戏剧性的"陨星碰撞说"不过是其中之一而已。

除了"陨星碰撞说"以外，关于恐龙灭绝的主要观点还有以下几种：

气候变迁说。6500万年前，地球气候突然变化，气温大幅下降，造成大气含氧量下降，令恐龙无法生存。也有人认为，恐龙是冷血动物，身上没有毛或保暖器官，无法适应地球气温的下降，都被冻死了。　物种斗争说。恐龙年代末期，最初的小型哺乳类动物出现了，这些动物属啮齿类食肉动物，可能以恐龙蛋为食。由于这种小型动物缺乏天敌，越来越多，最终吃光了恐龙蛋。

大陆漂移说。地质学研究证明，在恐龙生存的年代地球的大陆只有唯一一块，即"泛古陆"。由于地壳变化，这块大陆在侏罗纪发生了较大的分裂和漂移现象，最终导致环境和气候的变化，恐龙因此而灭绝。

地磁变化说。现代生物学证明，某些生物的死亡与磁场有关。对磁场比较敏感的生物，在地球磁场发生变化的时候，都可能导致灭绝。由此推论，恐龙的灭绝可能与地球磁场的变化有关。

被子植物中毒说。恐龙年代末期，地球上的裸子植物逐渐消亡，取而代之的是大量的被子植物，这些植物中含有裸子植物中所没有的毒素，形体巨大的恐龙食量奇大，摄入被子植物导致体内毒素积累过多，终于被毒死了。

酸雨说。恐龙生活的时期可能下过强烈的酸雨，使土壤中包括锶在内的微量元素被溶解，恐龙通过饮水和吃食物直接或间接地摄入锶，出现急性或慢性中毒，最后，一批批死掉了。

关于恐龙灭绝原因的假说，远不止上述这几种。但是上述这几种假说，在科学界都有较多的支持者。当然，上面的每一种说法都存在不完善的地方。例如，"气候变迁说"并未阐明气候变化的原因。经考察，恐龙中某些小型的虚骨龙，足以同早期的小型哺乳动物相抗衡，因此"物种斗争说"也存在漏洞。而在现代地质学中，"大陆漂移学说"本身仍然是一个假说。"被子植物中毒说"和"酸雨说"同样缺乏足够的证据。

昆仑山的"地狱之门"

在牧人眼中，草肥水足的地方是他们放牧的天堂。但是在昆仑山生活的牧羊人却宁愿因没有肥草吃使牛羊饿死在戈壁滩上，也不敢进入昆仑山那个牧草繁盛的古老而沉寂的深谷。

这个谷地就是死亡谷，号称昆仑山的"地狱之门"。谷里四处布满了狼的皮毛，熊的骨骸，猎人的钢枪，向世人渲染着一种阴森恐怖的死亡气息。下面是一个真实的，由新疆地矿局地质队员亲眼所见的故事：

1983年有一群青海省阿拉尔牧场的马因贪吃谷中的肥草而误入死亡谷，一位牧民冒险进入谷地寻马。数天过去后，人没有出现，而马群却出现了。后来那位牧民的尸体在一座小山上被发现。衣服破碎，光着双脚，怒目圆睁，嘴巴张大，猎枪还握在手中，一副死不瞑目的样子。让人不解的是，他的身上没有发现任何的伤痕或被袭击的痕迹。

这件惨祸发生不久，在附近工作的地质队也遭到了死亡谷的袭击。那是1983年7月，外面正是酷热的时候，死亡谷附近却突然下起了暴风雪。雷吼伴随着暴风雪突然而至，炊事员当场晕倒过去。根据炊事员回忆，他当时一听到雷响，顿时感到全身麻木，两眼发黑，接着就丧失了意识。第二天队员发现原来的黄土已变成黑土，如同灰烬，动植物已全部被"击毙"。

地质队迅速组织考察谷地。考察后发现该地区的磁异常极为明显，而且分布范围很广，越深入谷地，磁异常值越高。在电磁效应作用下，云层中的电荷和谷地的磁场作用，导致电荷放电，使这里成为多雷区，而雷往往以奔跑的动物作为袭击的对象。这种推测是对连续发生的数个事件的最好解释。

这里磁场强度非常高，巨大的磁力致使指南针失灵，仪器不准。这里的地层，除有大面积三叠纪火山喷发的强磁性玄武岩外，还有大大小小30多个磁铁矿脉及石英闪长岩体，正是这些岩体和磁铁矿产生了强大的地磁异常带。夏季它使受昆仑山阻挡而沿山谷东西分布的雷、雨、云中的电荷常在这里汇集，形成超强磁场，遇到异物，便会发生尖端放电即"雷击"现象，造成人畜瞬间死亡。

考察队还探明了另一奇异现象的成因，即为什么有时寻找不到人和动物的尸骨，它们在哪里呢？原来，这里是我国多年冻土层分布区之一。冻土层的厚度高达数百米，形成一个巨大的地下固体冰库。当夏日来临时，近地表的上层冻土融化，便形成地下潜水和暗河。只因地表面常为嫩绿青草所掩盖，人们不容易发现。当人畜误入，一旦草丛下的地面塌陷，地下暗河就会很快把人畜拉入无底深渊，甚至使其随水漂流远方，以致连尸首都无法找到。一些虔诚无知的牧民，无法解释这一神奇的现象，认为这是魔鬼显灵作怪，只好跪拜祈祷免遭侵袭，然而这一切都无济于事。万般无奈，他们只好避而远之，不敢再涉足此地。

这里还是雷暴频繁发生的地方。夏季雷暴日多达50多天，是昆仑山中其他地区的6倍。每当雷电风雨交加的时候，雷电既杀害了在谷地贪婪啃吃牧草的牲畜，也给谷地的土壤带来了丰富的天然化肥。人所共知，空气中的氮是一种惰性气体，在常温下，它不易与氧结合，可是当碰上雷电等高温条件，它就与氧化合成二氧化氮这种天然化肥。

雷电使谷地的牧草茂盛无比，吸引着牲畜来此就餐，继而又亲手杀死了它们。真是"成也萧何，败也萧何"。大自然的神秘造化首尾相伴，自相矛盾又自我发展，保持着人们有时难以理解的平衡。

冷热颠倒的地域奇观

冬冷夏热是大自然交替的结果，可是偏偏有一些地方不遵守大自然的规则，居然出现了"冬热夏冷"的气候现象。在中国的辽宁省和河南省各有一个这样的地方——冷热颠倒的地温异常带。

在中国辽宁省东部山区桓仁县境内，有一个神奇的地带。这个神奇地带横跨浑江两岸，起始于沙尖子满族镇政府驻地南1.5千米处的船营沟里，并一直延续到宽甸县境内的牛蹄山麓。这里一直就有一种反常的气候特点，夏天里其他地方气温几乎达到30℃了，而这里的温度却开始逐渐下降。更为反常的是，在地下1米的深处，温度居然降到了零下12℃，简直是一个冰冻的世界。夏天过去了，其他地方温度逐渐下降，而这里的温度却开始逐渐上升。当其他地方天寒地冻、大雪纷飞的时候，这里却温暖如春。

像辽宁省桓仁县这样的地温异常带，中国还有一处，在河南林州石板岩乡西北部，太行山海拔1500米的半山腰上，一个叫"冰冰背"的地方。

冰冰背位于高山脚下的山沟之中，这里3月开始结冰，冰期长达5个月。夏季，外界暑热难耐，这里却是寒气逼人。每年的6月至8月间，在石缝或石洞中甚至有冰锥向外生长，到了立秋以后这些冰块渐渐消退，寒气减退。寒冬腊月，巍巍的太行山已经被白雪覆盖，可是"冰冰背"却变得异常温暖——从乱石下溢出的泉水，温暖宜人，而从石缝中冒出的雾气能迅速融化飘落在这里的雪花，山石间甚至还有青草和正在开放的小花。

人们经过对地质、地球物理的调查后初步认为。冰冰背之所以出现冬热夏冷的情况，和它所处的特殊地理位置有关。由于受到太平洋板块运动的影响，太行山地底下的岩层受到了极大的挤压，其地壳深处的气体被压缩上升。而冰冰背刚好位于断裂带上的石英岩和页岩的交界处附近，地壳深处高压气体沿着断裂上升，刚好从这里将气体排除。地壳深部经压缩后的气体上升到地表后，吸热膨胀，致使空气的温度降低。而夏季的时候，大气炎热，气压较低，地下上升气流速度大，制冷效果明显。这个说法颇具说服力。

关于辽宁省的地温异常带，人们也有相同的猜测。不过有人提出另一种想法，他们认为，地温异常带的地下有寒热两条储气带，这两个储气带的上面有一特殊的阀门，能够根据季节变化自动开关阀门，冬天放出热气，夏天放出冷气。

还有一些人认为，地温异常的地下有一个巨大的储气构造和特殊的保温层。由于地下储存了大量的空气，地下温度变化要远比地上温度变化得慢。这种慢半拍的习惯，就使得它出现了冬热夏冷的情形。

流淌着奇异故事的河流

千奇百怪的倒流河、冷热河、酸河、甜河、香河、彩色河……讲述着河流的奇异故事。

在我国以及世界各地有许多稀奇古怪的河流，了解这些河流，一定会让你大开眼界。在我国湖北神农架的山上有一条潮水河，它像有人定时操纵一样，每天早中晚涨潮3次，每次半小时，从不晚点。原来，它源于一个潮水洞。涨潮时，只见流量倍增，汹涌而去，迅猛异常，不知内情者常被吓得惊慌失措。我国的青海湖原来是一个外泄湖，大约在13万年前，湖东的地壳起了强烈的变化，突起的山堵住了青海湖水的出口，使青海湖变成了闭塞湖。原来输出湖水的河也来了个首尾掉头，被迫向西倒流入河。这就是今天的倒流河。

在海南省保亭县七指岭下，有一条冷热河，这条河清水长流。长年不断，奇特的是河水有的地段热，有的地段冷。原来这条河地处谷地，又是一个温泉地带，共有23处温泉。一般水温为70℃到80℃，最高的有100℃左右。众多温泉喷出的热水汇集成一大股热流，而另一边则有很多冷泉水汇流而来。由于热泉与冷泉的水流来势相当，流速又快，水量也差不多，于是便互不干扰地合流，形成一条名副其实的冷热河。

奇怪的河流不仅我国有，国外也有不少。在哥伦比亚东部的蒲斯火山区，有一条叫雷欧维拉里斯的河，河水中含有8%的硫酸和5%的盐酸。尽管河水酸味并不浓，却具有高度刺激性。如果有人不慎吞几口，便会高热眩晕，五脏受损，口舌溃烂。人和其他动物不慎掉到河里，几分钟就会窒息而死。因此有人称它为谋杀河。据分析，"河酸"的原因是由于火山下有一条长穴通往河里，硫酸和盐酸从中流出所致。

在希腊北部，有一条奥尔马加河。河水的甜度约等于普通蔗糖的75%左右，但人们不敢把它当糖水喝，只用其灌溉农作物。据说甜河的形成，可能是河底土层中含有很厚的糖结晶体。

在非洲安哥拉与西南非洲间的本因鲁河相连的勒尼达河，这里香味浓郁，距河水很远便可闻到扑鼻奇香，越走近香味越浓。据说，香河的成因可能有两个：一是河底有含香素的植物，或是植物在水中开花，香味融于水。二是河底的土层组织本身就含有一种有香味的物质。但目前真正的致香原因还没找到。无独有偶，在南美洲的阿根廷和智利交界处，有一条维格纳河，它的河水散发出一种浓烈的香气，与柠檬水的味道一样。

在西班牙南部有一条廷托河，可以说是一条五颜六色的彩河。它的上游是一个具有绿色原料的矿区，河水呈绿色。再往下，有几条支流经过一个有硫化铁的地区，注入廷托河后，水又变成翠绿。水进入中游后，由于那里生长着野生植物，又把河水染成棕色和玫瑰色。再往下流，当它流经一处沙地，最后聚成几个湖泊时，河水又变成了红色。"廷托河"的意思就是"彩色河"。

欧洲的多瑙河更是奇特，有人作过统计，它的河水在一年中要变换8种颜色：6天是棕色的；55天是浊黄色的；38天是浊绿色的；49天是鲜绿色的；47天是草绿色的；24天是铁青色的；109天是宝石绿色的；37天是深绿色的。

希腊有一条奇特的变向河，河水每昼夜4次改变流向，6小时流向大海，接着6小时又从海里倒流回来，再接着6小时又流向大海。如此来来往往，年复一年。科学家们认为，这是因为受爱琴海潮汐的影响所致。

在阿尔及利亚有一条墨水河，河水可以当墨水使用。第二次世界大战期间，英国军队曾取这条河中的水当墨水用。原来，这条河有两条支流，一条含有铁质和氧化铅，另一条含有五倍子酸。两条支流会合后，水中的物质发生化学变化，就形成了天然"墨水"。

灭绝动物大杂烩

●加勒比僧海豹

加勒比僧海豹最早是1494年哥伦布第二次航海期间发现的，数量最多时曾超过25万只。然而由于人类的狂捕滥杀，很难再寻觅到它的身影。1952年，有人报告在牙买加和墨西哥尤卡坦半岛之间看到一只加勒比僧海豹，经证实这是人类最后一次看到这种濒危物种的身影。野生动物专家对过去几十年间几起据称看到该物种的报告进行了调查，但是最终证实它们都是其他海豹种类。1967年，加勒比僧海豹首次被列为濒危物种。

● 渡渡鸟

渡渡鸟是人类行为导致灭绝的最知名的物种。它是一种不会飞的大鸟，仅产于非洲的岛国毛里求斯。肥大的体形使它步履蹒跚，再加上一张大大的嘴巴，使它的样子显得有些丑陋。幸好岛上没有它们的天敌，因此，它们安逸地在树林中建窝孵卵，繁殖后代。因为它不会飞，以至于你都可能不信它是鸟类。它是鸠鸽科家族中的一种。欧洲的水手在1507年毛里求斯岛上发现了这种鸟。之后，在毛里求斯岛上定居的欧洲水手和他们养的猪很快发现这种鸟吃起来很香，所以就有很多的渡渡鸟被吃掉了。截至1681年，再也没有在那个岛上发现活着的渡渡鸟。为数不多的渡渡鸟在17世纪被带到了英国，但200多年来，没有人看见活的渡渡鸟。这就是那个成语"像渡渡鸟一样销声匿迹了"的来历。因为它们完全灭绝了，从此也为众人所知了。

● 剑齿虎

100多万年前，一直占据统治地位的剑齿虎突然不得不面对灭绝的危险。拉布里亚沥青坑的化石显示，那场灾难威胁到了许多物种。许多动物都和剑齿虎一样遭到了灭顶之灾。经过年代测定结果显示，当时刚好是上一个冰河时代末期。在漫长的10万年里，地球上的气温要比现在低5℃到10℃。但是11 000年前，全球气候却开始变暖。在亚利桑那州的索诺拉沙漠，古植物学家朱利奥·贝坦科找到了有力的证据，揭示了剑齿虎统治时期的巨大气候变化导致了灾难的发生。

● 巨鼠

科学家2003年9月报告说，大约在800万年前，重700公斤的巨鼠，漫游在委内瑞拉的沼泽地里。此野牛一般大的巨鼠生活的时代是600万到800万年以前，当时那里是苍翠繁茂的树林，是大型食草动物的天堂。巨鼠是吃草的，身上有软毛，一个光滑的头，小小的耳朵和眼睛，有一个强壮的尾巴，能在它立身观察食肉动物时和它的后腿一起支撑身体平衡。

巨鼠生活在南美洲跟其他大陆隔离的时代。当时，南美洲陆地没有跟北美洲连接，南美洲的动物可以不受其他大陆干扰而独立地发展进化。大约300万年以前一切都改变了，巴拿马地峡露出水面，这样其他大陆的动物就可以通过巴拿马地峡进入南美洲，这可能是导致巨鼠灭亡的原因。科学家认为，大多数老鼠都非常小，它们能够在危险来临时躲到地下去，但是对于巨鼠来说，挖洞实在是太大的工程了。作为一个大型动物，它必须依赖逃亡来躲避追捕者。

● 始祖象

科学家知道大象与现代水牛是亲戚，但从来没有认为大象的祖先会生活在水中。如今这一进化链找到了。这种名为始祖象的大象远古祖先身材巨大，长鼻子上长有小小的眼睛，生活在大约3 700万年前的始新世时期。长鼻子后来进化成了大象鼻子。科学家分析了始祖象的牙齿，测量了牙齿珐琅质上的化学特征，得知此动物吃的东西非常类似于水生动物的饮食，生活方式和现今的河马差不多，常在河流和沼泽地里打发时光，而不像鲸那样在水里畅游一生。它们不是百分之百的水生动物的另一原因，是因为它们的体重全由脚来支撑，且用脚来行走。在埃及发现始祖象的化石，估计重量有225—350公斤，没有现今大象的大耳朵和长鼻子。

摩根蜃景

1941年12月10日，英国"万德尔"号运输船在马尔代夫群岛行驶时，突然发现远处有一艘起火的轮船，于是"万德尔"迅速驶向那里，准备救助伤员。待"万德尔"号赶到出事地点的时候，船已经沉没。奇怪的是，海上没有一丝残留的碎片。事后，"万德尔"号上的船员听说，他们看到的起火的轮船是远在900公里之外的"利巴尔斯"号巡洋舰，当时这艘巡洋舰被埋伏在锡兰附近的日本鱼雷艇击中沉没。

这就是摩根蜃景中最著名的一例——我们叫他"漂泊的荷兰人"

（永远无法靠岸的船只）。

摩根蜃景是海市蜃楼中最奇幻的、最神秘的一种类型，一直以来扑朔迷离，对于其形成，科学家们还没找到科学的解释。

摩根蜃景与传说中的魔女法塔·摩根娜有关，传说摩根娜是亚瑟王的姨妹，遭爱人抛弃后，深居海底的水晶宫中，并经常用魔法制造海市蜃楼现象，这一蜃景就用摩根娜的名字命名。

科学家认为，摩根蜃景的形成与大气温度有关——空气温度先随高度上升而迅速升高，然后在一定水平上温度升高的速度逐渐降低，科学家称这种气温的"转折"为"大气透镜"，属于气象学范畴。但也有人认为，现有理论还无法进一步解释这种幻象的机理，太多的谜团需要后人来揭晓。

几年前的一天，德国北海库克斯港平静无风，在街上玩耍的一个男童，奔回家激动地对母亲大声说："妈妈，天上掉下一个岛来！"妈妈听了不禁哑然失笑，等她向窗外一看，脸上的笑容顿然消失，在她的眼前，近岸的海姑兰岛倒挂空中。沿岛的红岩悬崖绝不会错认，岸上的沙丘和别的细节全都清晰可见。那个岛就像天上有双巨手把它倒提悬在半空，似乎随时都可能坠毁。海姑兰岛当然没有坠下，那是海市蜃楼。傍晚时分，空中的幻象消失了，孩子的恐惧也消除了。

海市蜃楼是特殊大气情况下产生的光幻视。假定有个沙漠，太阳把沙晒热后，沙子上方最低层的空气也热起来，在这一薄层热空气的上面，有许多层较冷的空气。因为热空气密度比冷空气低，光线通过热空气要比通过冷空气容易。光线通过不同密度气层的边界时，方向改变，产生折射，造成蜃景。蜃景既非想象，也非幻觉，而是晴朗天空的折射像。

夏天有时在公路上或其他炽热平面上看到的"水潭"也是小型蜃景。它们是被热平面上灼热的空气折射回来的天光。沙漠的空气也能造成蜃景，使远处的绿洲、城镇或是遥远的地方，看来就在附近，这又给游牧民族的传说增加了不少材料。在沙漠中迷路的人常被这种蜃景折磨得发狂。阿拉伯人叫它们"魔鬼湖"。

海市蜃楼不一定都是物体的真实形状。可能是放大的像，可能是缩小的像，也可能是变形的像，就如在哈哈镜前看到的歪曲形状，变形的程度随光线折射的空气层之位置和成分而异。蜃景中，北极的一块浮冰会看似一座危险的冰山，一株棕榈树会缩成一片草叶，渔舍也会变为巍峨的宫殿。

若冷热两层空气之间的界限参差不齐，折射像往往会变形。美国探险家安德鲁斯曾一度看到形如巨大天鹅的异兽在戈壁沙漠的湖中涉水。遥望，它们宛如来自另一世界的庞然巨怪在来回走动，细长的腿几乎有15米长。安德鲁斯立刻叫探险队的画家，把这些不寻常的野兽画下来。他自己则蹑足向湖边走去。他走得越近，湖的面积缩得越小，野兽也变了形。肥硕的大天鹅变成了苗条的羚羊，安详地在沙漠上找草吃。由于热空气层高低不平，致使动物的形状变得稀奇古怪。

复杂蜃景大概是最有趣的蜃景了，它要出现，海水必须相当温暖，使接触海面那层空气的温度升高，更高处必须另有一层暖空气，于是形成两层暖空气夹着一层冷空气。这样，中间那层冷空气不但会产生双重蜃景，还能起柱面透镜的作用，把物体的高度放大。

复杂蜃景出现时，各种各样的蜃景，正的、倒的、放大的、缩小的、变形的复像等，全混杂在一起。复杂蜃景并不突然出现，出现之前，空中会先出现一片诡谲的云，如麦西那海峡，上空的空气很热，海上风平浪静，这片怪云里便会有一个美丽的海港市镇的像闪烁摇动。然后会有第2个市镇出现在第1个之上，还会有第3个，每个市镇里都有闪闪发光的高楼和宫殿。有时看起来房舍似乎是在水面之下，据说那就是仙女摩根娜居住的地方。还似乎能看见街上有行人，穿着宽大的白色衣服。

无论哪一种海市蜃楼，只能在风力极微弱或无风时出现。当大风一起，上下层空气发生搅动混合，使上下层空气密度的差异减小，光线没有异常折射和全反射，那么所有的幻景就会立刻消失。

古时候，许多人以为沙漠里的海市蜃楼是一种神秘的魔法，是掌管荒无人烟的沙漠恶魔的妖术。现代科学的解释很简单：海市蜃楼是光的折射作用形成的。当接近地表的空气被加热到很高的温度时，如果棕榈或是岩石遮住了地平线，它们就会反射出光线，而热空气层则折射这些光线，折射率和水的折射率相仿。我们站在远处看，就仿佛看见棕榈生长在湖岸。

跟着风儿去旅行

在人们印象中，植物与动物是"静"与"动"两种截然不同的生物大类。不少人认为，植物既没有神经和感觉，又不会跳跃或奔跑，相对于自如运动的动物来说，植物似乎是安详、静止的。然而，实际情况并非如此，所有的植物一生都在生长，也就是说，它们一直都在运动，只不过，它们的生命运动十分缓慢，相对于动物来说，就好像是"静物"了。

其实，在植物世界中，除了大多数相对静态的植物外，还有不少植物带有较为明显的"运动"特征，由于这些植物对外界因素的感受力比较敏锐，因而产生了向光性、向重性、向触性、向化性和向水性等向性运动，以及感热性、感夜性、感震性等感性运动。

下面就让我们来见识一些较为典型的"会运动"的植物吧。

有一则成语叫"风吹草动"，意思是说，只要有风的吹拂，植物就会摇动。实际上，在风力作用下，有些植物不仅枝叶摇动，而且还会离开那片生它养它的土地，整个植株都跟着风儿去旅行。

在南美洲的沙漠上，有一种叫卷柏的奇特的多年生直立草本蕨类植物，说它奇特，是因为它会走。每当干旱季节来临，卷柏就会从土地里将根收起来，让整个身体蜷缩成一个圆球状，由于体轻，只要稍有一点儿风，它就会随风在地面上滚动。如果遇到水分充足的地方，干枯的卷柏球就会展开，恢复成原状，在土壤中扎下根来。凭借这番独特的生存本领，卷柏不仅拥有了"九死还魂草"的美名，还被誉为"旅行植物"。

卷柏的这种游走常使它丢了性命——游走的卷柏有的被风吹起挂在树上，渐渐枯死，有的卷柏行走在路上会被车轧扁，甚至淘气的孩子把几株卷柏合在一起当球踢……这些卷柏终究逃脱不了死亡的命运。

那么卷柏不走就生存不了吗？为此，一位植物学家对卷柏做了这样一个实验：用挡板圈出一片空地，把一株游走的卷柏放入空地中水分最充足处。不久，卷柏便扎根生存下来。几天后，当这处空地水分减少的时候，卷柏便抽出根须，卷起身子准备换地方。可实验者并不理会准备游走的卷柏，并隔绝一切可能将它移走的条件。不久，实验者看到了一个可笑的现象，卷柏又重新扎根生存在那里，而且在几次把根拔出，几次又动不了的情况下，便再也不动了。实验还发现，此时卷柏的根已深深地扎入泥土，而且长势比任何一段时间都好，可能是它发现了扎根越深，水分就越充足。

藜科一年生草本植物——猪毛菜也是一种非常典型的"跑路植物"。猪毛菜成群丛生在田野路旁、沙丘荒地或碱化沙质地区，分布广泛，不仅在我国东北、华北、西北、西南等地区可见其踪影，而且在朝鲜、蒙古、巴基斯坦等国及中亚细亚、俄罗斯东部等地均有分布。每年八九月份的时候，猪毛菜果实成熟了，植株便开始逐渐干枯，变得非常脆弱易断，风很容易将其从茎基部吹断，这样一来，干枯的猪毛菜就会带着成熟的种子随风滚动，四处"跑路"，寻找"新家"。

除了猪毛菜和卷柏，类似地跟着风儿去跑路的植物还有很多，比如，分布在亚欧各地的防风和刺藜、美国的苏醒树、秘鲁的步行仙人掌等，它们多生长在戈壁、沙漠、荒野之中，起风的时候，经常可以看见它们在随风滚动，因此，这些植物被十分形象地称为"风滚草"。为了在恶劣的环境中生存下来，它们通过长期的进化逐渐形成了这种依靠运动来适应环境的本领。这些"风滚草"的果实底部藏着许多又小又轻的种子，果实的开门处则密布茸毛，使种子不能一下子撒落，必须在滚动过程中，果实经与地面不断发生碰撞，种子才不时掉出几粒来，这种随风运动的习性，也正是"风滚草"繁衍后代的需要。还有一些植物，同样是为了繁衍后代，而具备了跟着风儿去跑路的本领。与风滚草不同的是，它们并不是整个植株都去"旅行"，随风运动的仅仅是它们的种子，这些种子往往带有轻盈的绒毛，或者薄薄的翼翅，因而具备了随风飞翔的能力，可以带着又细又轻的种子四处飘荡。大家都非常熟悉的蒲公英就是这类植物的典范，这种菊科多年生草本植物之所以能够相当广泛地分布在整个北半球的各地，很大程度上便是得益于它那善于随风四处飘飞的种子。蒲公英的种子非常细小，上面缀着丝丝飘逸的绒毛，仿佛一朵朵小小降落伞，这些小伞在一起聚成一个白色的果絮。每年秋季，这绒球般的果絮成熟了，一阵疾风吹来，就会吹开那白色的小伞，将带翼种子吹拂得漫天飞扬，四处飘散。像蒲公英这样有着能够随风运动的独特种子的植物还有很多，如杨柳、木棉、黑板树、昭和草、马利筋、黄鹌菜等。

● 相关链接

"会走路"的苏醒树

这种树的生活习性非常奇特，在水源充足的环境中，它的长势相当旺盛。可一旦碰上干旱，水分缺乏时，它就会把自己的根须从土壤中拔出来，浑身收缩形成一个干枯的球状体，然后乘着风开始"远行"。要是风儿把它吹到有水源的地方，它就会把根再插到泥土中，重新"安家落户"。不过，当它的"新家"再次面临着干旱时，它又会"卷起铺盖"踏上新的"旅程"。这种会"走路"的树，在世界上是绝无仅有的。

步行仙人掌

在南美洲秘鲁的沙漠地区，生长着一种会"走"的植物。这种仙人掌的根是由一些带刺的嫩枝构成的，它能够靠着风的吹动，向前移动很长的一段路程。根据植物学家的研究，"步行仙人掌"不是从土壤里吸取营养，而是从空气中吸取的。

奇异的间歇泉

在中国西藏雅鲁藏布江上游的搭各加地有一种神奇的泉水——间歇泉。间歇泉的泉水涓涓流淌，在一系列短促的停歇和喷发之后，随着一阵震人心魄的巨大响声，高温水汽突然冲出泉口，即刻扩展成直径2米以上、高达20米左右的水柱，柱顶的蒸气团继续翻滚腾跃，直冲蓝天。它的喷发周期是喷了几分钟、几十分钟之后就自动停止，隔一段时间才再次喷发。间歇泉即是因它喷喷停停、停停喷喷而得名。

中国湖北省咸宁市九宫山景区中有一个叫"三潮泉"的间歇泉，位于隐水洞旁的三潮泉村，当地村名因间歇泉而得名。泉水一日涌流三潮，涌潮时，泉水奔涌而出，哗哗呼吼，白浪翻滚，如珍珠奔涌，历时40分钟左右，过后寂静断流，百年来日日如此。

除了中国的间歇泉外，在冰岛首都雷克雅未克附近，还有一眼举世闻名的间歇泉——"盖策"泉。这个泉在间歇时是一个直径20米，被热水灌得满满的圆池，热水缓缓流出。不久，池口清水翻滚暴怒，池下传出类似开锅时的咕嘟声，随之有一条水柱冲天而起，在蔚蓝色的天幕上飘洒着滚热的细雨，这条水柱最高可达70米！

科学家经过考察指出，适宜的地质构造和充足的地下水源是形成间歇泉最根本的因素，此外，还要有一些特殊的条件：首先，间歇泉必须具有能源。地壳运动比较活跃地区的炽热的岩浆活动是间歇泉的能源，因而它只能位于地表稍浅的地区。其次，要形成间歇性的喷发，它还要有一套复杂的供水系统来连接一条深泉水通道。在通道最下部，地下水被炽热的岩浆烤热，但在通道上部，泉水在高压水柱的压力下又不能自由翻滚沸腾。同时，由于通道狭窄，泉水也不能进行随意的上下对流。这样，通道下面的水在不断地加热中积蓄能量，当水道上部水压的压力小于水柱底部的蒸气压力时，通道中的水被地下高压、高温的热气和热水顶出地表，造成强大的喷发。喷发后，压力减低，水温下降，喷发因而暂停，为下一次的喷发积蓄能量。

科学家虽已揭开了间歇泉的神秘面纱，但人们仍为它雄伟而瑰丽的喷发景观所倾倒。

大自然的美妙旋律

给人类提供了生存环境的大自然，不仅五彩缤纷，无奇不有，它的奥秘更是引人入胜，又给人留下了许多难解之谜。例如山、石、沙、河、泉、柱等，也能如同乐器一般，奏出娓娓动听的音乐。

河北省青龙县老岭山东面的"响山"，海拔约1000米，势如黄钟覆地，岩隙罅穴格外多，加上周围诸峰对响山形成合围之势，所以劲风一吹，擦壁如琴，入穴如笛，搏柱如钟，穿罅如弦，于是百乐和鸣，笙管笛箫齐发，时如高山流水，如泣如诉；时如黄钟大吕，抑扬洪亮。

在美国佐治亚州有一片"发声岩石"异常地带。拿着小锤敲击这里的石头，无论大石、小石或碎片，都会发出悦耳的声音，音色和谐清脆。可是，把这里的石头搬到别的地方去敲打，不管怎样敲，只有沉闷的嚓嚓声，与普通石头一般。

为什么石头放在异常地带就能发出乐声，挪动位置就失效呢？有人分析这是个地磁异常带，存在着某种干扰场源，岩石在辐射波的作用下，敲击时会受到谐振，于是发出乐声来。然而这仅仅是一种推测，还没有得到充分的证实。

美国加利福尼亚州沙漠地带的一块巨石，足有几间屋子那么大。此石巨大，位于加利福尼亚的沙漠中，看上去雄伟壮观，直指蓝天。每当皓月当空的夜晚，居住在附近的印第安人，不论男女老少，都喜欢聚集在音乐石旁，燃起熊熊篝火，唱歌跳舞，享受欢乐时光。用手拍打被滚滚浓烟笼罩着的巨石，会发出阵阵的奇妙音乐。据考察，此巨石有许多相连相通的洞孔，当人们燃起篝火时，那滚滚浓烟一会儿被这些孔洞吸进，一会儿又被排出，这一进一出，自然就会产生不同的声音，再加上许多人有节奏地拍打巨石，那壮丽委婉的乐曲自然就会传出来。

在夏威夷群岛的哈那累伊沙滩上，有一片绵延800多米，高达18米的沙丘。每当人们迈步在这洁白、晶莹的沙丘上时，就会听到脚下发出动听的音乐。如果抓起一把沙子用力摩擦，手中的沙子也会发出奇妙的声音。据科学家分析，这是由于这里的沙子被海水和雨水打湿后，随着水分的不断蒸发，产生振动，而沾在沙子表面的空气薄层就发出了节奏不同、音色各异的声响。

在墨西哥的索那拉州，有一座既没有人烟，又不生长树木的山。上得此山，懂音乐的人先在山石上叩击，就能确定音阶，然后拉开架势打奏，就可奏出动听的音乐，当地人称之为"音乐山"。更为奇妙的是，有时人们没有去叩击它，在自然风的作用下，它也能演奏出奇妙的音乐。音乐山的奥妙，地质学家们认为因为这是一座死火山，山上到处是洞穴的裂缝，当人们叩击它或是狂风吹进这些洞穴裂缝时，就会发出各种不同的声音，或如非洲鼓乐，或如欧洲宫廷的交响乐。

在南极洲的哈苏埃尔岛附近，有一座分布着一条条裂缝的大冰山，会经常演奏出手风琴一样的洪亮音乐。经考察，原来是来自印度洋的高大波浪涌至这座冰山时，四周的水位便时高时低。在涌浪推雪的作用下，海水冲入裂缝，便把裂缝中的空气排挤出去，一会儿涌浪退去，空气便又吸进裂缝里，产生了类似手风琴的音乐，或激越高亢，或柔绵低吟，十分清脆悦耳，美妙无比。

在委内瑞拉东部有一条音律变化无穷的"音乐河"。这条河流被许多岩洞中的岩层阻隔，分成无数条涓涓细流，然后穿过将近300米的岩层，在细流穿过各种岩层时，由于洞缝宽窄不一，水速快慢不同，就发出了各种奇异的声响，宛如一曲曲交响乐。

在埃及的特本城有一根门柱，每当太阳初升时，就会奏出像管风琴一样的乐声。这是一种热胀冷缩的物理现象。由于该门柱年代久远，中间有许多大小空洞，夜晚温度下降时，空洞中潜藏的空气收缩，等到早上太阳照晒时，空洞中的空气受热迅速膨胀，由柱子上的小缝隙拥挤向外，就发出了声响奇特、旋律各异的乐声。

在非洲突尼斯的临犹莱山上，有一个"音乐泉"。在泉旁的人们可听到曲调丰富、不断变化的乐曲。考察发现，在"音乐泉"的出水处挡着一块千孔百洞的空心岩石，泉水流到那里后被分离成无数条细流，这些有着喷射力的细流冲击着空心岩壁，汇成了一首首连绵不断的乐曲。

●相关链接

"会笑"的石头的奥秘

重庆石柱县新乐乡有一块重约5吨的神奇巨石，只要用一只手触摸其"痒处"，它就会慢慢地晃动，同时还发出"咯咯"的"笑声"。如果不触及其"痒处"，那么，十来个人也无法使其动摇。这到底是怎么回事呢？

科学家们说，这块巨石属于沉积岩，原来是"长"在崖壁上，后来由于时间长久等种种原因，它就从崖壁上掉了下来，而且又刚好掉在下面的基石上。它之所以只能在"痒处"推得动，却在其他地方推不动，是因为这块巨石重，摩擦力大，当然难以推动。而这块巨石与下面的基石接触的地方是个长条形，它的力矩，即重力和重力所产生的力臂都是固定的。如果要使这块巨石动起来，所使力的力矩越长，则越省力，这就是力学原理。这块巨石上的"痒处"，正处在力臂的最长位置，所以只要用很小的力就能让它动起来。而其他地方因力臂相对较短，所以就无法让它动摇。

水的危机

水是地球奉献给生命的乳汁。自从地球上诞生生命以来，水便成了生命的发源地。公元前6世纪，就有人指出："万物由水组成。"水是生物体内含量最多的物质。据计算，在生物体内水一般占其体重的70%—90%。由此可见，水是生命之本。

人类文明往往是同水密切联系起来的。尼罗河孕育了古埃及不朽的文明；黄河、长江滋养了中华民族上下五千年悠久的文明。

可是现在对于生命来说如此重要的水资源却已经成为人类共同关注的问题。现在地球上的许多地方缺水，已成为严重问题。据统计，目前全球有12亿以上的人生活在缺水的城市。1996年4月联合国的一份报告预计，到2050年缺水的城市人口将达到24亿。20世纪末中东已经面临了严重的缺水形势，从20世纪开始，5个北非地中海国家——阿尔及利亚、利比亚、埃及、摩洛哥和突尼斯，已经开始面临缺水问题。1996年6月召开的联合国第二次人类住区大会对欧洲的水资源前景也发出了警告，认为欧洲各国政府如果不改进措施，管好水资源，它们将在21世纪面临严重的缺水问题，并有可能因此导致国家之间的冲突。

谈到缺水问题，人们马上会想到一个问题，即一个国家到底应该有多少可用水呢？是否有一个国际用水量的标准呢？国际上现今有一个人均用水标准，即所谓"水关卡"：每人每年应占有可用水1 000立方米，用这个标准来衡量，许多国家都低于这个标准，并且情况是越来越不乐观。

未来全球的缺水形势要比估计的还要严重，因为，随着全球气温的升高，导致水的蒸发量相应增加。科学家认为，即使在降水量不变的情况下，气温升高2℃到3℃也会使可用水总量减少10%。而且未来降水量可能发生10%—25%的变化。据预测，未来尼罗河流域的流量从整体上来说可能减少25%。这样的变化如果真发生，该地区的国家就会面临严重的生态问题。

● 相关链接

美国：公民节水意识强

充足的水资源，低廉的水价，并没有让美国人忘记节水，频频肆虐的干旱，更提高了人们的节水意识，保护水资源已成为公民素质高低的重要标志，国民把节水当成一种有教养的表现并融于社会文化之中。美国水费非常便宜，普通人家每月的水费甚至低于中等工资收入者一个小时的工资，但人们把节水看成是一种修养，是个人素质的表现。人们有意识地防止浪费水，公共场所如车站、机场、政府办公大楼等几乎看不到任何用水的地方有漏水现象。公共场所的水龙头多数都是红外线自动控制的。美国人爱管"闲事"，如果有水管漏水，立刻会有人向有关部门打电话反映。若得不到及时修理，他们会通过其他途径继续反映。每到春秋户外活动频繁之际，各类与水有关的民间机构就会经常组织学生参加节水、保护水资源的活动，以培养公民的水忧患意识。

韩国："爱水就是爱国"

"爱水就是爱国"是韩国以节水为目的的宣传教育活动的主题。韩国从1990年就已经把每年最容易发生水灾的7月1日定为"水日"。在这一天，聘请专家、学者讲解有关水的知识和在生产、生活中节约用水的有效办法，组织社会各界人士参加"清理水库活动"。通过这些活动，使人们了解水问题的严重性，让他们知道爱水就是爱国。1995年，根据联合国计划开发署的建议，韩国把"水日"改到了3月22日。在开展节水教育的同时，韩国还通过舆论曝光等方式监督破坏环境和污染水源的行为。富贵人家在风景秀丽的湖边修建别墅的消息一经曝光，就会成为众矢之的。一些部门在水源上游掩埋工业垃圾的事一旦被揭露出来，各大报纸和广播电台、电视台就会在醒目的栏目上进行报道。在全社会的共同努力下，韩国城乡的饮用水仍比较卫生，人们还保持着饮用生水的习惯。

日本：珍惜水就是珍惜生命

岛国日本雨量丰沛，在世界上属丰水地区。尽管如此，日本人却普遍珍惜水，把节水、保护水资源看做如同生命一样重要，并将它变成了一种自觉行动。据了解，日本可供利用的水资源有1 000亿立方米。除东京和福冈外，全国不存在缺水问题。但日本人保护水资源的意识却非常强烈，把它当做一件大事。无论政府机关、企业、社会团体还是公共场所，到处都张贴着珍惜用水、节约用水的标语，就连公共厕所那种红外感应的节水装置，也会让你感到日本人的节水意识无处不在。"水是生命之源，节水就是爱惜生命"。在日本，节约用水、保护水资源已成为一种社会公德。无论大人小孩，人人养成了节约用水的好习惯，极少看到浪费水的现象。

燃烧的海浪

水火不相容，是众所周知的常理。然而，大千世界无奇不有，违反常理的奇事也真是不少。

　　在加勒比海北部，佛罗里达半岛以东的海面上有一个大巴哈岛。在这个岛上有一个神秘的湖，这个湖就是人们所说的"火湖"。在这里，每当太阳落山、黑暗来临之后，就在那微风吹拂的湖面上闪烁起无数的火花。跃出水面的鱼也会荧光闪闪、满身带火。湖上那摇动的船桨拍打水面，也会击起无数飞跃的火星，船尾拖出的长长水浪也会变成一条火的尾巴。投一个小石子到湖中，也会在水面上留下一圈圈"火波"。

　　比火湖更壮观的是水上喷火。在我国，人们就曾见到过河面起火的奇妙现象。那是1987年9月13日傍晚，在江苏省丰县宋楼乡附近的一条子午河上，一段长30米、宽20多米的水域，人们竟发现它喷射出耀眼的火花，高达四五米。随着火花的喷射迸发出呼呼的声响，犹如节日的焰火映红了天空。河水里的游鱼、青蛙等在这喷射的火焰中纷纷丧生，这奇异的喷火现象一直持续近百个小时。壮观的景象远远超过了"火湖"那微弱的火势。

　　但更令人感到难以置信的是在那波涛汹涌的海面上所燃起的通天大火。1976年6月的一天，法国气象工作者从气象卫星上接收到奇特的彩色照片。对这张照片的分析中人们发现在大西洋亚速尔岛的西南方海面上，一排排山峰般的巨浪上燃烧着通天大火，使人惊叹不已。同样，在印度东南部的安德拉邦马德里斯海湾附近的海域里，也曾发生过海浪巨火，那是1977年11月9日，海面上突然刮起一阵飓风，接着在海浪咆哮的海面上，骤然燃起了一片滚滚的大火，熊熊燃烧的火光映照周围数十公里，持续了20多天之久。目击者看到：燃烧的海水通红沸腾，其景色十分壮观。

　　这些神秘的水上起火的未解之谜，吸引了许多科学家们的目光，他们纷纷对上述这些现象进行了研究，并对各自不同的起火原因，做出了各自不同的解释。

　　大巴哈马岛的火湖水面上之所以火花闪闪，火星乱飞，是由于湖里生长着大量的会发荧光的细菌。这种荧光极微弱，只有在夜间才能看到。早在18世纪，不少学者就已发现某些细菌有发光现象。这些发光细菌大都生活在热带和温带的海洋中。在河口咸、淡水混合之处和冷、暖水交界的海区，有机物最为丰富，因而海洋发光细菌在这里能够大量生长、繁殖。它们不仅自由生活在海水中，而且也寄生在鱼、虾、蟹、贝等海洋生物体上，使生物体发光。

这些细菌的发光原理不久前已为科学家所发现。原来，在这些发光细菌的生物体内，有一种荧光素和荧光酶。荧光酶是一种生物催化剂，在它的催化下，荧光素和氧气结合，生成氧化荧光素，其化学反应所产生的能量以光的形式释放出来，这些发光细菌使海水发光多半通过机械刺激（如风浪冲击）产生。这样，人们才知道，为什么船桨荡后会荧光闪闪，石子投入水中会荡起火的涟漪，鱼儿跳出水面也满身带火。

至于河面上喷火却不是由于发光细菌作怪。虽然，对于河面喷火原因议论纷纷，但至今还无定论。有些人推测：在河流的地层深处贮藏着大量的天然可燃气体，由于地层的变动，导致天然气外泻，又由于地心热力超过了天然气的燃点，以至天然气接触氧气后自动燃烧，从而形成了高达四五米的喷火奇观。

海水燃烧的原因又与此不同。经过印度科学家和前苏联科学家的共同努力，终于揭开了海水燃烧的秘密。原来，当飓风以每小时280公里的高速度在海面上疾驰时，会激起滔天巨浪。风与海水发生高速摩擦，从而产生巨大能量，使水分子中的氢原子与氧原子分离。在飓风中电荷的作用下，原子便发生爆炸和燃烧，再加上空气中氧的助燃，海面上即燃起了熊熊烈火。

自然界录音存影的奥秘

陈文钦是永城市芒山镇的一位农民。1983年3月的一天深夜，他驾驶一辆三轮车路过刘邦斩蛇碑时，三轮车突然莫名其妙地熄火。收拾了半天才弄好，他启动车辆准备继续前行时，前方一个神秘的魅影让他惊呆了：只见车灯照射的前方石碑上，出现了一个清晰的人影，好像是一个武士，一手仗剑，一手捋着胡须，昂首挺胸，气度非凡。"难道是看花眼了？"陈文钦将信将疑地揉揉眼睛，再仔细地看了几遍，没错，的确是一个武士的影子。

突然间，陈文钦想起小时候听到的一个关于刘邦挥剑斩蛇传说。后人为纪念他，在传说中的斩蛇处立下一块石碑，叫"刘邦斩蛇碑"，就是眼前的这块碑。"难道是刘邦显灵了？"想到这个传说，陈文钦出了一身冷汗，只觉得头皮发紧，脊梁发冷。慌张间，他赶紧驾车离去。

刘永信在县文化馆工作，听说了此事后，于这年8月的一天晚上，和朋友一同前往斩蛇碑看个究竟。当他们找到斩蛇碑时，已经是晚上9点多。他们悄悄摸到斩蛇碑前，打开手电筒，期待看到那传说中的神秘武士像。但失望的是，神秘武士并没有如约出现。

是照射的角度有问题吗？刘永信和朋友们换了几种角度，但结果依然。他们发动汽车，准备倒车回去的时候，刹那间奇迹出现了：只见车灯远远地正面照射过去，一个金光灿灿的武士出现了！

刘永信恍然大悟：原来是距离的问题。他们赶紧下车又试验了几次，才发现了刚才没有看到的原因，的确是因为离得太近了，什么也看不到，而且只有正面照射才能看得到。碑身的正面可以看到武士像，那么背面能不能看到呢？

他们如法试验，结果看到一个头戴凤冠的宫女模样的妇女，温柔慈祥地抱着一个小孩子。"一定是有什么玄机藏在石碑上。"刘永信并不相信刘邦显灵。这个石碑是他亲自操作竖立起来的。他决定探个究竟。他先找石质的原因，但在实地调查后发现，其他和斩蛇碑同样质地的石碑并不能显出人像。刘永信想到了石碑的做工，当时制作石碑的工人中有一个手艺不行，导致碑面有两三处微凹，而且在雕刻时将碑沿的菊花纹刻得乱七八糟。回忆起这些，刘永信恍然大悟：正是由于碑面的不平整，强光照射过去，不同的凸凹表面形成了不同的反射，产生了明暗效果，这种明暗效果看上去像一位武士的形象。黑漆的反射功能在成像过程中尤为重要。刘永信说，他第一次看到石碑背面宫女和孩子影像时十分清晰，但因为日久风化、油漆剥落，现在再看上去已经比较模糊了。至于武士像怎么会产生金甲在身的感觉，刘永信解释说，隆庆年间的斩蛇碑碑文上，因为年代久远，不少字已不可辨，都是靠以前背过该碑文的郑效治补写上去的，为了让后人知道这些补写上去的文字为阙文，特意在每个补写的文字上加了方框，所以反射以后看上去就像盔甲一样。

日本龙三角

自20世纪40年代以来，无数巨轮在日本以南空旷清冷的海面上神秘失踪，它们中的大多数在失踪前没能发出求救讯号，也没有任何线索可以解答它们失踪后的相关命运。如在地图上标出这片海域的范围，它恰恰是一个与百慕大极为相似的三角区域，这就是令人恐惧的日本龙三角。

1980年9月8日，相当于泰坦尼克号两倍大的巨轮德拜夏尔号装载着15万吨铁矿石，来到了距离日本冲绳海岸200海里的地方。这艘巨轮的设计堪称完美，已在海上航行了4年，正是机械状况最为理想的时期。因此，船上的任何人都会感到非常安全。

这时，船遇上了飓风。但船长对此并不担心，在他眼里像德拜夏尔号这样巨大并且设计精良的货轮，对付这种天气应该毫无问题。他通过广播告诉人们：他们将晚些时候到达港口，最多不过几天而已。

可是，岸上的人们在接到了船长发出的最后一条消息"我们正在与每小时100公里的狂风和9米高的巨浪搏斗"后，德拜夏尔号及全体船员便失踪了，消失得无影无踪。

这是一场巨大的灾难，但它并不是孤立的、唯一的。

在1980年9月9日巨轮德拜夏尔号在此失踪后，仅仅过了几年，她的两艘姐妹船只同样在此遇难。

2002年1月，一艘中国货船林杰号及船上19名船员，在日本长崎港外的海面上突然就消失了。没有求救呼叫，没找到残骸，货船就仿佛在人间蒸发了，人们无法知道他们遭遇了什么。

由于日本龙三角海域频发众多神奇海难事故，使它赢得了一个"太平洋中的百慕大三角"的恶名。鉴于在这里搜寻一艘失踪的船要比从干草堆中找出一根针还要困难得多的实际情况，使得大部分的官方报告只能将事故原因归于"自然的力量"，而就此终止调查。然而，众多遇难船员的家人决不希望他们的亲人就这样无声无息地走进黑暗，他们需要更加详尽、更加合理的解释。

连续不断的神秘失踪事件引发了人们的好奇，科学工作者们开始以不同的方式试图去揭开魔鬼海之谜。由于实地考察有一定的条件局限性和较大的风险性，因此五花八门的猜测便纷纷出台了。

磁偏角是由于地球上的南北磁极与地理上的南北极不重合而造成的自然现象，这种偏差在地球上的任何一个位置都存在，并不是日本龙三角所特有。早在500年前哥伦布提出磁偏角现象后它早已成为航海者的必备知识，故它不可能简单地成为拥有现代化设备的船只迷航和沉没的原因。

据海洋专家观测，强大的飓风经常在日本龙三角的海域中酝酿，这片不幸的海域是飓风的制造工厂，其温暖的水流每年可以制造30起致命的风暴。这一点可在那些失事船只最后发出的只言片语中得到印证。于是有些专家认为是飓风使那些过往船只的导航仪器在一瞬间全部失灵，最终导致船舶失事的。但是，当今大型的现代化船舶是按照能抵御最坏情况的标准制造的，按理说仅凭一场飓风并不能击沉它们。

1980年8月18日，原苏联的乌拉基米尔号船在完成任务后从日本沿海返航途中，一位随船教授突然发现一个不明物体从海底冲了上来。这件物体呈圆筒状，能够发出耀眼的蓝光，当它滑过船只时将船的一片区域烤得焦黑。这个来历不明的物体环绕轮船数分钟以后，与它的出现一样，又骤然消失在海洋中。这位教授认为如此怪异的东西绝非地球上所存在的。

拍摄于1985年的电影《魔茧》，故事的构思来源于人们对大洋深处存在外星人基地的幻想。影片中的人们在一片突如其来的海雾中，被外星人神秘地带走，瞬间在海上警卫队面前消失，所有的人都以为他们遇到了海难，但几年之后他们又神奇地回到了地球。于是人们开始猜想这些在日本龙三角发生的奇怪事件是否是外星人所为。

人们似乎总愿意相信外星生命一定降临过地球，外星人似乎是解释世界上任何难解或未解之谜最简单的方式，一切现在所不能理解或无法解释的现象都可以由外星人做出简单的回答。这也许更可以归功于人类思想的惰性，就像中世纪的人们将所有难以解释的现象都归于上帝一样。

在多种科研途径中，日本科学家采取了试图从研究海底世界这一层面来解释海难事故的方法。日本海洋科技中心向这片魔鬼海的黑暗之处投放了一些深海探测器，这些探测器可以到达世界大洋最深的底部。海洋科学家们在黑暗的深海花费了大量时间，向人们展现了一个看不见的世界。科学家们发现：在日本龙三角西部的深海区，岩浆具有随时冲破薄弱地壳的威胁。这种事情的发生毫无先兆，其威力之巨足够穿透海面，而且转瞬之间它又可平息下来，却不会留下任何证据。

当大洋板块发生地震的时候，超声波到达海面，形成海啸。海啸引发的巨浪时速可以达到每小时800公里以上，这是任何坚固的船只都经受不起的。此外，毁灭性的巨大海啸在生成海浪时于广阔的洋面上只有1米或者比这还低的高度，这种在大洋中所发生的缓慢的浪潮起伏是不易被过往船只所察觉的，它很难引起人们的注意。但大约在20分钟至1个小时后，灾难就开始降临。如果在海啸发生时又正好赶上飓风，那么遇难船只甭说自救，就连呼救的时间可能都没有了。

在上述科考工作进行的同时，另一些科学家试图寻找失事巨轮德拜夏尔号，通过对失事原因的研究来揭示这片海域的秘密。

大卫·莫恩是一名失事船只搜寻专家，在确定沉船地点方面业绩辉煌，同时，他始终抱着实用主义的态度：从纯科学技术的角度进行研究，给出答案。1994年7月，由大卫·莫恩率领的海洋科技探险队向魔鬼海进发，他们坚信可以揭开事实的真相。

当时它们全部的希望只悬于一条渺茫的线索——德拜夏尔号失踪的时候，搜救飞机曾经报告说，在它最后出现的不远处发现了油渍。但谁也不能确定整个区域有多大？油渍是在沉船的正上方，还是漂移了10英里、50英里或100英里？考察队利用了平面扫描声纳、潜水机器人等先进设备，经过长时间的搜寻，最终在水下约4 000米的海床上找到了一堆变形的金属，接着考察队又从附近找到了发光的铁矿石。

由于知道当年德拜夏尔号运载的就是铁矿石，通过这条线索，人们从而推断变形的金属就是目标物——德拜夏尔号的残骸。

通过对探测器传输回来的图片资料的研究，人们终于找到了沉船的答案：

当年德拜夏尔号行驶到这片海域时就遇到了飓风，但像德拜夏尔号这样的巨轮应该可以抵御最大的飓风，所以船长也自信地认为他们最多也就是晚几天到达目的地。但这时又突然发生了海啸，海啸形成的两个涌浪将钢铁之躯德拜夏尔号架了起来，于是悬空的德拜夏尔号被自己的重力压成了三段。巨浪进舱，致使整艘巨轮快速下沉，下沉的速度之快使得船员们没有任何逃生的机会。此外，巨轮在下沉过程中随着海水压力的增大，被挤压变形，最后沉到海床上时已变成了一堆扭曲的钢铁。

这一建立在科学论证基础上的结论不仅为日本龙三角揭开了神秘的面纱，同时也足以告慰那些碧渊深处的亡灵，也给了那些长久沉浸于痛苦之中的亡者亲人们一个圆满的答案。纵观历史，2 000年来共有100多万艘船只长眠在这片深蓝色的水下，平均每14海里便有一艘沉船，它说明海洋无愧是地球上最神秘莫测的生存地狱。迄今为止，人们依然无法知道在浩瀚的大洋之下，到底还隐藏着多少秘密等待去探索、发现。

森林里的"义务消防员"

在非洲丛林发生的一场火灾中，许多树被烧得遍体鳞伤，惟有一种树仍然枝繁叶茂，生机勃勃，丝毫没有受到伤害。它们不仅保住了自己的性命，而且抑制了火势的蔓延。它们被誉为"森林的义务消防员"。

树木遇火即燃，这是众所周知的常识。为什么这种树却反其道而行呢？这是一种什么树呢？

这种能灭火的树叫梓柯树，是生长在非洲安哥拉西部的一种树型高大，枝叶茂密的常绿树。一年四季，它都郁郁葱葱，不会枯萎凋谢。它的叶片又长又细，叶宽仅二三寸，而长有七八尺。垂挂下来，好像女孩子的长头发那样飘逸美丽。在高大的树枝间，长有许多比拳头稍大的球状物，常被人们误认为是果实。而实际上，这是梓柯树的秘密武器——"自动灭火器"，植物学家称之为"节包"。

这些节包就像一只只灌满了水的"皮球"，里面充满了从树上分泌出来的液体。奇妙的是，这些节包特别怕见火光，一旦见到火光，它们就会从表面的无数小孔里，朝树下喷出白色的浆液。据科学家研究，梓柯树喷出的浆液中竟含有二氧化碳这样的灭火物质。有了这么先进的"灭火器"，难怪它会有这样强大的灭火本领。

四氯化碳是一种无色澄清易流动的液体，不会燃烧，日常生活中人们往往利用四氯化碳这种特性灭火，尤其能够扑灭汽油、火油及其他各种不能与水相混合的油类。而梓柯的灭火方式竟然与此异曲同工，真让人叹为观止。

一位好奇的科学家曾试验过梓柯树对火的反应情况：故意使用打火机欲点燃香烟。没想到，火光一闪，香烟尚未点燃，就有无数条白色泡沫从树上飞泄下来，溅得实验者满头满脸都是白沫，身上衣服全部湿透，当然打火机的火也被熄灭了。想不到梓柯树对火的反应如此灵敏。

另外还发现常春藤、迷迭香接触火源后不会燃烧，只是表面发焦，也能阻止火的蔓延。人们种植这些植物，可形成防火林带。

自然环境中的火灾往往成为相对于虫害以及水灾等最具毁灭性的群体灾害，而在高温干燥少雨，阳光充足易引发自燃的非洲地区，梓柯所具有的抵御明火的特性无疑成为该物种得以顺利繁衍生存的重要因素。

目前，有生态学家正致力于将梓柯树引进各地，作为林区自然防护带的核心组成树种，而热带树种的地域性迁徙和培育也成为接下来急需解决的问题之一。

安哥拉人对自己国家能有梓柯树这样的"森林消防员"而深感自豪。在他们中间流传着这样一句谚语："盖房要用梓柯树，不怕火灾安心住。"

● 相关链接

醉人的植物

酒能醉人，不足为奇。令人惊奇的是有些植物亦有醉人的功能。

在坦桑尼亚的山野中，生长着一种木菊花又称"醉花"。其花瓣味道香甜，无论是动物还是人，只要一闻到它的味道，立即就会变得昏昏沉沉。如果是摘一片尝尝，用不了多久，便会晕到在地。

生长在埃塞俄比亚的支利维那山区的"醉人草",会散发出一种清郁的香味。每当人们闻这种香味时,便会像喝醉了酒一样,走路跟跟跄跄,东倒西歪。如果在它的旁边呆上几分钟,就会醉得连路都走不成。

坦桑尼亚蒙古拉大森林里,有一种能溢出美酒的毛竹,叫酒竹。这种酒只有30度,味纯质朴,并含有一种香味。一些吃食幼竹的动物或以酒竹汁液解渴的动物由于贪食,体内酒精大量积聚,往往醉得昏昏然,飘飘然。

在南非有一种名叫玛努力拉的树木,它有着肥大的掌状叶片。这种树所结出的果实味道甘醇,颇有"米酒"的风味。有趣的是,由于非洲象的胃内温度很适合酿酒酵母菌的生长,因而许多大象在暴食了这种"酒果"之后,往往会酒疯大发:有的狂奔不已,横冲直撞;有的拔起大树,毁坏汽车;更多的则是东倒西歪,呼呼大睡。

在非洲津巴布韦的怡希河西岸也生长着一种著名的"酒树"——休洛树。休洛树常年分泌出一种香气扑鼻且含有强烈酒精气味的液体,当地人常把它当做天然美酒饮用。每当贵客来访时,主人便将他带到休洛树林里,在树干上割一个小口,然后接一杯流淌出的美酒敬献给客人。

植树鸟与投石鸟

20世纪70年代,秘鲁大旱,首都利马北部一片荒芜,且土地贫瘠,无人去植树,但是3年的时间,这里却出现了一片片树林!是谁种的树?而且还都是甜柳树呢?经过考察,原来在这片荒地上有一种叫"卡西亚"的鸟,这种鸟长得有点像乌鸦,但叫声很好听。

"卡西亚"很喜欢吃当地生长的甜柳树的叶子,它在吃叶子之前,总喜欢在地上啄个洞,把嫩枝啄断插进洞里,然后再慢慢地叼下嫩叶吃，而甜柳树是一种很容易生长的树，于是，"无心插柳柳成荫"，被插进地里的嫩柳枝，只需经过几天，便会生出根；几个月后，树枝就会长到1米高；两三年后，就长成大树了。这种鸟还有个习性，就是在吃甜柳树叶子时，总喜欢成群结队地排在一起。这样，就使得被插的甜柳树长成了树林。

"卡西亚"被人们尊称为"植树鸟"，并受到当地人的保护。

在非洲布隆迪农村有许多狼，经常成群结队地攻击农民，农民为此非常苦恼，但无可奈何，已有许多人葬身狼腹。一天，一农民又被饿狼围攻，农民不得不爬到树上躲避求生。正当狼群向大树围过来时，突然树上有连续不断的牛眼大小的石块向狼群投射，速度很快，狼很快被击退。农民诧异极了，向树上看去，原来是几只像山鸡大小的鸟，羽毛鲜红，嘴很大，是它们向群狼投去的石块。

农民异常欣喜，回到家取来网，捕到两只这种鸟，悉心喂养起来。并在牛羊圈和猪圈附近为它们建了个窝，并修了个装石头的槽，装满牛眼大小的石块，想让它们防狼偷袭牲畜。果然有用，当两只饿狼向羊圈靠近，离圈还有五六米远时，两只鸟不约而同地衔起石头，向恶狼投射过去，直到狼被打跑为止。后来，当地农民也纷纷效仿。就这样，布隆迪农村的狼患就这样解决了。那么，这种鸟为什么向狼投掷石块呢？

经生物学家仔细观察，发现这种鸟舌头富有弹性，平时很喜欢用嘴弹弄石头。还发现这种鸟对狼身上的臭气很敏感，很厌恶，只要一闻到狼身上的臭气．就四处寻找，一旦发现目标，就用嘴弹射石块驱赶狼，直到狼被赶走为止。当地人叫它们"投石鸟"。

神奇的"生物钟"

大自然为每一种动物安排了一张"作息时间表"。猪、牛、羊等家畜总是在白天活动，可是猫却喜欢在白天睡大觉。每当夜幕降临，猪、牛、羊开始入睡时，猫才伸伸懒腰，活跃起来了。鼯鼠的"作息时间"有一点和猫类似，它白天呆在树洞里，夕阳西下后才钻出来活动，在树林里张"翼"滑翔，抓捕猎物，一直忙到天将破晓，才回洞穴休息。鸟儿们也都是按时"起床"的：东方欲晓，公鸡就一跃而起，首先"引吭高歌"；接着，鸭群苏醒了，争先恐后地发出"嘎嘎"声；没多久，早起的麻雀也喳喳地喧闹开了；白头翁是喜欢睡懒觉的，金色的阳光早已普照大地，它们才慢腾腾地放开歌喉。

美国加利福尼亚州有个奇特的农场，100头毛驴是这个农场的职工，它们承担了那儿所有的农活。有趣的是，正午时所有的毛驴都会自动停止工作，到了中午12点，谁也无法强迫它们继续干活。而到了下午6点，它们又会重新干起活来。

除此之外动物还懂得日程，燕子每年都要进行两次"长途旅行"。冬天，燕子南飞，到南洋群岛、印度和澳大利亚等地"避寒"。春暖花开的时节，它们又成群结队地北上：早春二月，它们飞到我国的广东，3月间到达福建、浙江及长江下游，4月初就可以在秦皇岛看到它们的踪迹。

在墨西哥的下加利福尼亚半岛沿海，一年一度总有一群来自北冰洋的灰鲸前来"拜访"。北半球漫长的冬天开始后，成百头灰鲸告别北冰洋，以每小时6.4千米的速度南游，穿越白令海峡，横渡浩瀚的太平洋，在2月初到达墨西哥，旅程长达10 000千米。它们从不"失约"，每年到达的时间，最多相差四五天。

最奇妙的要算一种叫琴师蟹（也叫招潮小蟹）的动物了，这是生活在海滩上的一种小蟹，它的雄蟹有一只巨大的螯，使雄蟹看上去就像一位正在拉小提琴的琴师，为此人们就把它叫做琴师蟹。白天，琴师蟹藏在暗处，这时它们身体的颜色会变深；夜晚，它们四处活动，身体的颜色又会变浅。引人注目的是，琴师蟹体色最深的时间，每天会推迟50分钟。要知道，大海涨潮和落潮的时间，每天也恰好推迟50分钟。看来，动物与大海之间也有着某种默契。

每年5月，在月圆以后，美国太平洋沿岸会出现一次最大的海潮。闪闪发光的银鱼，就是被这一年一次的巨大海潮冲上海岸的。在海岸上，银鱼完成了传宗接代的任务后，又被海浪卷回大海。

在南美洲的危地马拉有一种第纳鸟，它每过30分钟就会"叽叽喳喳"地叫上一阵子，而且误差只有15秒，因此那里的居民就用它们的叫声来推算时间，称之为"鸟钟"。我国黄海湾里有一小岛上的驴能报时，它每隔一小时就"嗷嗷"地叫一次，误差只有3分钟。在非洲的密林里有一种报时虫，它每过一小时就变换一种颜色，在那里生活的家家户户就把这种小虫捉回家，看它变色以推算时间，称之为"虫钟"。

究竟动物们的时间观念来自何处？原来，在动物的体内有一种类似时钟的结构，这就是生物钟，正是它使动物的活动显示出了极强的规律性。

科学家用蟑螂做了一个实验。每当傍晚时分，它们都显得特别活跃。科学家把蟑螂关在一个黑暗的笼子里，发现它们的活动周期是23小时53分，和地球的自转周期非常相近！那么蟑螂的生物钟在哪里呢？科学家在蟑螂的食道下方，终于找到了这个生物钟，它是一种神经组织，这一组织能在体内有节律地产生控制蟑螂活动的激素。

如果把一种绿蟹的眼柄摘除，它们的体色随昼夜变化的规律就会消失，这说明绿蟹控制这一规律的生物钟就在眼柄内。

近年来发现，鸟儿的生物钟就在它脑子的松果腺细胞里。一到黑夜，鸡的松果腺细胞便分泌一种叫黑色紧张素的激素，使鸡知道该去睡觉了。如果把一只麻雀的松果腺摘除，这只麻雀每天的活动周期就消失了，这时若将别的麻雀的松果腺移植进去，活动周期便恢复了。

现在已经知道，生物钟五花八门，多种多样：有和昼夜相适应的日钟；有和潮汐相适应的潮汐钟；还有和地球公转、季节变化相适应的年钟。正是这些生物钟，使动物能在大自然中，正常地生活、觅食和活动。

自然界的"战争"

植物经常会受到动物的伤害，因为所有的动物都直接或间接以植物为食，植物因此采取各种办法来进行自我保护。很多植物并不是干等着食草动物来吃它们的叶子，它们会反击，而且用的是致命武器。"道高一尺，魔高一丈"，那些素食的动物又"发明"出与之对抗的武器，而那些植物又会进一步采取防御措施……于是，人们在动物和植物之间发现了极富戏剧性的一幕。

1981年，一种叫舞毒蛾的森林害虫在美国东北部的橡树林大肆蔓延，把橡树叶子啃食精光，橡树林受到了严重危害。可是到了1982年，当地的舞毒蛾突然销声匿迹，而橡树林则郁郁葱葱，生机盎然。这使森林学家们感到非常奇怪，因为舞毒蛾是一种极难扑灭的森林害虫，大面积的虫害更难防治，舞毒蛾怎么会自行消失的呢？通过分析橡树叶子的化学成分，科学家发现了一个惊人的秘密：在遭到舞毒蛾咬食之前，橡树叶子中的单宁酸并不多，但在咬食之后，叶子中的单宁酸大量增加。单宁酸跟舞毒蛾体内的蛋白质结合后，使叶子难以消化。而吃了含有大量单宁酸的橡树叶子，舞毒蛾自然变得食欲不振，行动呆滞，很不舒服，结果不是病死，就是被鸟类吃掉。正是依靠单宁酸这种奇妙的"武器"，橡树林才战胜了舞毒蛾！

无独有偶，在阿拉斯加也曾发生过类似的趣事。1970年，阿拉斯加原始森林中的野兔繁殖非常迅速，它们啃食植物嫩芽，破坏树木根系，严重威胁森林。为了保护森林，人们想方设法围捕野兔，可是收效甚微。眼看森林即将遭到毁灭，就在这时，野兔突然集体生起病来，猛拉肚子，大量病死，几个月之内，野兔的数量急剧减少，最后在森林中消失了。野兔怎么会突然消失了呢？科学家发现，森林中所有被野兔咬过的树木，在其新长出的芽叶中都会产生一种有毒萜烯。正是这种化学物质使得野兔生病、死亡，最终离开了森林。

沙漠中的仙人掌，它们的叶退化成刺，浑身的刺好像一个大荫棚，而且那些刺密密麻麻，让人难以接近。在沙漠里绿色植物十分稀少，仙人掌如果没有这些扎人的刺，很容易就成了沙漠中食草动物的一顿美餐。

含羞草稍被触摸，就会自然地收缩起来。科学家观察发现，含羞草的这种特性，其实也是一种特殊的自我保护方法。含羞草的害羞特性，不仅能避开狂风暴雨的袭击，据说还能防止动物的伤害呢。因为动物稍稍碰它一下，它马上就会合拢叶片，这习惯性的动作准会让垂涎它的动物大吃一惊，继而逃之夭夭。

凡到我国东部和西南山区旅行考察的人，都要特别留心一种带刺的树木，它的树干、枝条上，甚至叶柄上都长满了大大小小的棘刺。野兽不敢靠近它，鸟儿根本无法在上面立脚，因此它又有"鹊不踏"的别名。看来树上的这些尖刺，对防止动物的不法侵害非常管用。欧洲阿尔卑斯山上的落叶松也十分有趣，幼时的嫩芽被羊吃掉后，它就在原来的地方长出一簇刺针。于是，新芽就在刺针的严密保护下安然成长起来，一直长到羊吃不着它时，才抽出平常的枝条。

有的植物为了使自己免受灭顶之灾，就分泌出某些化学物质来对付动物。比如昆虫在吃了植物的茎叶以后，就会消化分解植物体内的多糖。昆虫的胃里有糖苷酶，它能促使多糖水解而变成单糖，在昆虫体内产生能量维持生命。有些植物根据这一情况，制造出一类带羟基的吡咯烷化合物，其化学结构跟果糖非常相似，能成功地欺骗糖苷酶，使它把这种化合物当做果糖结合。但一结合就再也掉不下来了，这样就破坏了糖苷酶的催化水解反应。昆虫吃下去后，纤维素不能消化，也就不能变为单糖。结果昆虫在吃了植物后就感觉不到甜味，因而胃口大伤，不再贪吃。植物就这样想尽办法来使昆虫厌食。

南美洲的一种野生马铃薯对付昆虫更有绝招。它的叶子上长着两种纤毛，如果蚜虫碰弯了其中一种，它就会分泌出一种胶来把蚜虫粘住；如果另外一种纤毛折了，则会有一种气体散发出来。奇妙的是，这种气体竟和蚜虫在遭到瓢虫、草岭幼虫进攻时发出的警告气味一样，蚜虫就会以为是别的同类在发警报："注意！有敌人在靠近！"于是，其他的蚜虫赶紧逃跑，叶子得救了。在美国，如果玉米地遭到螟蛾的侵害，玉米会发出求救信号，这是一种气味，它会引来姬蜂，而姬蜂则会杀死螟蛾。显而易见，这种植物竟会招引自己的"侍卫"！

非洲有一种叫马尔台尼亚的草，它的果实两端像山羊角般尖锐，生满针刺，形状相当可怕，有人因此称它为"恶魔角"。"恶魔角"不仅形象狰狞，而且威力无比，竟能杀死企图吞食它的大型动物。这种果实成熟后落入草中，当鹿来吃草时，果实就会插入鹿的鼻孔，于是鹿疼痛难忍，竟至发狂而死。"恶魔角"有时长在狮子出没的地方，狮子活动时会被它蜇痛。当狮子发怒一口把它吞下时，"恶魔角"上的尖刺就会像铁锚一样牢牢定格在狮子的食道里。威风凛凛的狮子此时什么东西也不能吃了，只等着活活饿死。"恶魔角"如此厉害，其实只是为了防止自己的果实被动物糟蹋，保证马尔台尼亚草可以传宗接代。

澳洲的守护神

在已知的700多种桉树中，绝大多数生长在澳洲大陆，少部分生长于新几内亚岛和印度尼西亚，以及有一种远在菲律宾群岛。

在澳大利亚东部沿海，茂密的森林郁郁葱葱，来自世界各地的旅游者无不为此惊叹。然而他们当中很少有人知道，这广袤的森林中90%是桉树。桉树是大自然赠予澳大利亚的礼物，也是澳大利亚献给世界的礼物。

澳大利亚数亿年来与世隔绝的状态造就了它独特的动植物种群。这里虽然没有进化成熟的哺乳动物，却有100多种有袋类动物，著名的袋鼠就是它们的"形象代言人"。众多的奇花异草和珍稀树木安静地生长在这里，许多连植物学家也叫不上名字，桉树则是它们当之无愧的代表。

澳大利亚的土地是地球上最贫瘠的，低碳、高铁的土壤呈深红色。澳大利亚的气候又十分干旱，但桉树却能够在这种艰苦的自然环境中茁壮成长。根据研究，澳大利亚的桉树有500多个品种，高的可以长到100多米，笔直笔直的，矮的只有一两米，呈灌木状。为了生存，桉树在长期的进化过程中形成了许多独特的生长特点：为了避开灼热的阳光，减少水分蒸发，桉树的叶子都是下垂并侧面向阳；为了对付频繁的森林火灾，桉树的营养输送管道都深藏在木质层的深部，种子也包在厚厚的木质外壳里，一场大火过后，只要树干的木心没有被烧干，雨季一到，又会生机勃勃。桉树种子不仅不怕火，而且还借助大火把它的木质外壳烤裂，便于生根发芽。桉树像凤凰，大火过后不仅能获得新生，而且会长得更好。

如果没有桉树这样的"土地卫士"，澳大利亚红色贫瘠的土壤早就被风雨侵蚀干净；如果没有桉树，那里生存着的众多昆虫、爬行动物、鸟类和有袋类动物将因为没有藏身之处和食物而灭绝，人们当然也就看不到只吃桉树叶的树袋熊憨态可掬的形象。

当地土著人也离不开浑身是宝的桉树。桉树可以当储水罐，有一种桉树的树干是空的，不少树干里面充盈了可以饮用的水。在没有水的地方，土著人用木棒敲敲树干，就知道里面有没有水。桉树的花呈缨状，为粉红色。以桉树花为食的蜜蜂产蜜量很高，蜂农可以从一个蜂箱里抽出近20公斤的蜂蜜。一些桉树的叶子含桉树脑，是制药的重要材料，还可以作为添加剂做水果糖。土著人还用桉树干做成管乐器，吹出他们心中的哀与乐。随着时代的发展，桉树的用途越来越广，盖房子，做家具，当电线杆和铁路枕木，真是无所不能。

近年来，美国与日本合作，进行"燃油树"的研究。他们发现桉树是一种很好的"石油树"。1公顷桉树一年能产"石油"90.92升。世界上现有600多种桉树，含油率高的有50种左右，其中以辐射桉的含油率最高，为4.2%。

日本的科学家用桉油和汽油合成新燃料，用于普通小汽车，可使小汽车每小时行程达40千米，而且排出的废气很少。这说明桉油不仅可以是石油的代用燃料，而且是一种优质的"绿色石油"。

我国自1890年开始，就从意大利引进桉树种植在广州、香港、澳门等地。现在，我国南方已有170万公顷的桉树，植树达75亿株，仅次于巴西，居世界第二位。

● 相关链接

肥得流"油"的树

上个世纪80年代，我国科学家在海南省发现了油楠。这种树主要生长在海南岛尖峰岭、吊罗山、霸王岭三大林区，树高约30米，树干直径有的达1米以上。油楠能产出棕色的油状液体，很像柴油，林区工人常用它来点灯照明。一般情况下，当油楠长到约12米高时，就能产"油"。若在树干上钻个洞，洞口即可流

"油"。一棵大树每采集一次，能得到"柴油"3—4千克。

我国南海沿岸的沙滩上生长着一种麻风树，因树干上长满疙瘩而得名。麻风树的果实如桐油子，含油率高达50%—80%。通过改造麻风树基因中的"碳链"，就可利用它生产各类不同黏性的工业用油。一般每亩麻风树的果实可提炼大约500千克柴油。

盛产在热带地区的椰子树，其椰油是一种很好的燃料，但由于椰油比其他燃油黏稠且含有杂质，所以要在发动机上装一个小巧的过滤器，使椰油在进入发动机前黏性和杂质含量降低。南太平洋岛国瓦努阿图的一位叫托尼·狄墨的机械师，将汽车的柴油发动机稍加改装，用椰油代替柴油，汽车行驶起来也非常顺畅。目前，该岛已有大约200辆小公共汽车使用椰油和柴油的混合燃油。

光棍树高约4米，但树身上见不到一片叶子，满树尽是光溜溜的绿玉般的枝条。因此，有人叫它神仙棒或绿玉树，日本人叫它青珊瑚。光棍树原产非洲的荒漠地区，我国广东、福建一带也有分布。光棍树属大戟科植物，全株含有剧毒的白色乳汁。这种有毒的乳汁中含有类似石油的碳氢化合物，因此引起了科学家的极大兴趣。日本和美国都对它进行过提取石油的实验，发现这种乳汁中碳氢化合物的含量很高。

生命的旅行

动物的迁徙是规模浩大的远航，它们万里跋涉的艰辛与毅力令人惊讶折服。

生活在南美洲西沿海的绿海龟，成群结队穿越万顷波涛的大西洋，历经两个月，游过2000多千米，来到优美、静谧的阿森松小岛上。原来，它们是来此"旅行结婚"的。在这孤零零的小岛上，它们各自寻找对象进行交配、产卵，繁衍下一代。接着，它们又成群结队地返回巴西沿海。

每逢秋天，出生在北极圈以内区域和西伯利亚的大约400多万只北极燕鸥便聚集在欧洲北部海岸，随后成群结队地飞往南极浮冰区过冬。次年春天，又返回欧洲北部和西伯利亚度夏，年年如此。这近乎于两极之间的长途迁徙，意味着每天要连续飞行20多小时，每年飞行8个月，要飞过20万公里的路程。

那些貌似纤细柔弱的昆虫也有惊人的迁徙本领。飞蝗是"举世闻名"的"马拉松"健将：它们可以一口气由非洲西部飞到英伦三岛，最远可以飞过3 600多千米。

在花丛中飞舞的蝴蝶是昆虫中的"洲际旅行家"。每年秋季，美洲北部的蝴蝶要迁到南方过冬。它们横渡波涛汹涌的大西洋，穿过亚速尔群岛，然后飞抵非洲的撒哈拉大沙漠，行程5 000千米。英纳克大蝴蝶，成群结队从美国西北部向南飞行，穿越西南部的得克萨斯州来到墨西哥中部。它们在2 000米的高空任意飞翔，如果加速飞行每小时可达90千米，即使遇上飓风也阻挡不了它们。

是什么力量迫使动物进行如此漫长的跋涉？100多年来，这奇异的迁徙一直是科学家潜心研究的问题。但迄今为止，科学界却未得出一致的结论。

部分科学家倾向于这样一个观点：候鸟迁徙的原因可追溯到公元前10 000年前的冰川时代。当北半球冰雪时节到来之际，部分北极燕鸥曾飞离故乡，去寻找利于寻食的地点。次年秋天，当冬季的寒冷又侵袭时，去年未迁徙的北极燕鸥受同伴们的诱导，加入了迁徙的队伍。这样，年复一年，迁徙的队伍逐渐扩大，终于形成候鸟每年的大迁徙。

支持这种观点的人认为，部分鸟类，如蜂鸟和燕子，每年往返南方和北方，是由于它们的生活同气候有着非常直接的联系。冰川时期的习惯和气候因素以及繁殖需要，是候鸟进行长途迁徙的原因。

现在还有一种比较流行的理论认为，鸟类的迁徙习性和辨别旅途能力是与生俱来的，是由史前时期觅食的困难造成的。那时，为了寻找食物，鸟儿不得不进行周期性的长途旅行。这样年复一年，世世代代，经过漫长的演化过程，各种迁徙的习性就被记录在它们的遗传密码上，然后经过核糖核酸分子一代一代传下来。因此，那些很早就被它们父母遗弃了的幼鸟，在没有成鸟带领，也没有任何迁徙经验的情况下，仍然能成功地飞行千里，抵达它们从未到过的冬季摄食地。

● 相关链接

羚羊：声势最浩大的迁移者

坦桑尼亚的塞伦盖蒂国家公园里生活着150多万头羚羊，那里最为著名的当数动物大迁徙，绵延数十公里，尘土铺天盖地，它们向西然后再向北，要长途跋涉近3 000公里。每年的12月到次年的5月是塞伦盖蒂的湿季，那里水草丰美，是动物们的天堂，动物在那里休养生息，繁殖后代。可是一到5月中后期，旱季来临，数百万的动物就集体向北面的肯尼亚的马塞马腊迁徙，寻找食物，先是食草动物长途跋涉，后面跟着食肉动物，迁徙期从5月到6月。10月份，塞伦盖蒂又逐渐湿润起来，预示着湿季马上就要来临，动物们再从北方迁徙到南部的塞伦盖蒂，这样的回迁从10月持续到11月。

座头鲸：距离最长的迁移者

在世界上所有的哺乳动物中，座头鲸保持着最长的旅行纪录，在温暖的季节，它们在北极地区生活，1个鲸鱼群1天要吃掉1吨的食物，在冬季到来时，它们会在海上旅行5 000英里，来到哥伦比亚和赤道附近的海域，那里是它们最理想的繁殖基地，它们在那里生儿育女，尽情地捕食丰富的海洋生物，补充体力，在炎热的夏季到来时再回到凉爽的北极地区。

岌岌可危的鲨鱼

1996年，加拿大纪录片《鲨鱼海洋》公映，这部纪录片告诉我们鲨鱼的真实故事。这个纪录片会让你对鲨鱼的印象完全改变，并对它们岌岌可危的存活数目感到心惊。因为鲨鱼在被急速地猎杀，只为了满足饕客和印证所有关于鲨鱼不实的传说。鲨鱼被铁钩子钩住嘴巴，生拉硬拽地拖上捕鱼船，活生生地割下鱼鳍，这种血淋淋的残忍场面，赤裸裸地展现在面前，实在令人震惊。

浩瀚的太平洋上，一条约2米长的巨齿鲨被拖上了渔船。水手们拿出电锯，利索地锯掉了它所有的鳍。随后嘭的一声，巨齿鲨残余的躯体被抛入大海，鲜血立即染红了海面。被"活体取翅"的鲨鱼，拼命摇摆挣扎着，然而没有用，它在瞬间沉入海底。

这惊心动魄极其惨烈的一幕不是电影中虚构的情节，而是现实生活中每天都在上演的真实场景。据国际环保机构统计，全世界每年在鱼翅市场上交易的鲨鱼达4000万条。这一数字令人震惊。

但由于认知不足和缺乏研究，人们对鲨鱼有诸多误解，所以尽管有那么多鲨鱼被捕杀，也难以使人对鲨鱼的处境有更多的同情。

在人们的印象中，认为与燕窝、熊掌等山珍海味齐名的鱼翅营养极其丰富，为补品之最。可你是否知道鱼翅是由鲨鱼鳍制成的？不少鲨鱼因此被竞相杀戮甚至活体取翅，凄惨死去。

所谓活体取翅，就是只锯取其鳍。究其原因，是因为鲨鱼身上只有鳍才是相对宝贵的，它的肉很粗糙，经济价值低；鱼体又大又重，占用宝贵的舱位，抛弃则最经济。

由于鲨鱼和大多数其他鱼的构造不同，一般的鱼都有鱼鳔，可以帮助它们保持浮力，但鲨鱼天生没有鱼鳔，其比重又大于海水，全靠永不停息的运动才能浮在水中。鳍是鲨鱼的运动和平衡器官，没了鳍，鲨鱼立刻便会沉入海底，挣扎数日后悲惨死去。

更让人痛心的是，以牺牲掉鲨鱼性命换来的鱼翅的营养也并非像人们想象的那么丰富。鱼翅中仅蛋白质尤其是胶原蛋白含量高些，而综合营养价值并不比肉皮冻和鱼冻高多少。研究表明，每百克干鱼翅中含蛋白质83.5克、脂肪0.3克、钙146毫克、磷194毫克、铁15.2毫克，除蛋白质外，其余成分不值一提。而且鱼翅中蛋白质的含量虽然高达83.5%，但由于缺少色氨酸，属于不完全蛋白质，难以被人体吸收。因此，人们享用鱼翅宴，并不能得到期盼中的营养补给。

尽管如此，还是有不少人对鱼翅趋之若鹜。这是因为有些老饕喜欢其柔嫩腴滑、软糯爽口、滋润舒适的独特口感。更为重要的是，鱼翅已不仅仅是种食物，更是地位、权力、财富和奢华的象征，仅此而已。

多年以来，不少科学家认为，鲨鱼是地球上唯一不得癌症的动物。早在1983年，美国夏威夷大学的两位博士曾在《科学》杂志上发表文章，煞有介事地说鲨鱼软骨中的角鲨烯可以抑制癌细胞的生长。1992年，美国威廉·兰斯博士《鲨鱼不会得癌症》一书出版，轰动一时。1993年，美国CBS电视台邀请威廉·兰斯以及多名癌症患者座谈鲨鱼软骨制品的抗癌效果，几位晚期患者当场表示服用后"症状减轻"。1994年，美国食品与药店管理局正式批准鲨鱼软骨制剂上市。这些事使"鲨鱼软骨可以治疗癌症"的说法愈来愈烈，鲨鱼也从此被人们粉身碎骨、敲骨吸髓。

其实，上述说法根本不能成立，完全是一种误解。2005年，约翰·霍斯特兰德就曾经针对鲨鱼不会得癌症的说法，列举了40例鲨鱼患肿瘤的例子进行驳斥。约翰·哈斯巴格则指出，软骨鱼类常得的50种癌症中，有23种来自鲨鱼。

在专家的多方呼吁下，2006年，美国联邦贸易委员会最终正式裁定，禁止了对鲨鱼软骨制品抗癌效果的不实宣传，"鲨鱼不会得癌症"、"鲨鱼软骨可以治疗癌症"等神话才最终破灭。

梯田里的"水鬼"

多年前的一天早上与平时一样，张老汉去自家田地劳作，可是刚到地里他就傻了眼：平时盛满水的梯田，竟只剩下白花花的地皮！那么多的水，能流到哪里去呢？

时任攀枝花乡党委书记的罗兴祥，更是大吃一惊，根据现场勘测调查反馈，调查人员居然没有发现任何有价值的线索。

村里人都赶来看稀奇，可是，谁也弄不明白这是怎么回事。于是就有人议论开了："一定是神灵发怒了，说不定还有更重的惩罚在后头呢！……"

在场的村民告诉记者，当时情景非常吓人，梯田中央突然出现了一个巨大的漩涡，水很快就被全部卷走，最后，却没有留下任何痕迹。而且不小心看到那场吓人景象的村民，也突患重病，卧床不起。

村民们惊恐地奔走相告——水鬼作怪，这块田中邪了！

再也没人敢走近这块田一探究竟。

这块神秘的田慢慢湮没在荒草中，成了一块让人谈之色变的鬼田，也成了老罗的一块心病。

种种猜疑：

猜疑一：是不是喀斯特地貌在作怪？

多年后的今天，老罗约上几个朋友，成立了一个调查组，决心捉到水鬼，把这事查个水落石出。

把几种可能性罗列了一下后，老罗感到很乐观，他自信地认为，用不了几天，就可以把这个幕后水鬼给揪出来。

黑名单上的第一号嫌疑对象就是———喀斯特地质。

就在这个时候，云南省社会科学院的史军超教授，提供了一条重要信息。史军超说，元阳有喀斯特地貌的特征，观音山那一片地区几乎就是喀斯特地貌。

但是，让人意想不到的是，当地的水利局长却给老罗当头浇了一盆冷水。水利局长张世华说："一般在喀斯特地貌当中，梯田就少了，水也相当少，不用说梯田灌溉，就连人畜饮水的困难也相当大。"

在当地人心目中，元阳县即使有喀斯特地貌，也只是在很小范围内存在，要不，几十万亩梯田早没水了。而鬼田周围的几块梯田，当年都是波光粼粼，如果出了问题，它们应该同样难逃一劫。

调查组立即赶到攀枝花乡，经过实地考察证实，那个地区历史上从未发现过喀斯特地质。老罗对喀斯特地质的猜测只能放弃。

猜疑二：是不是有人在作祟？

调查组一开头就碰了个钉子，但大家马上把眼光又盯上了第二号嫌疑对象——人。

当年，是否有什么人在暗中搞破坏呢？因为只要一个小小的缺口，就足以让这块梯田中的水，一夜之间流得干干净净。

那么这个神秘的破坏者究竟是谁呢？他为什么这样做呢？

老罗走访了当年的现场调查者，但是，他却得到这样的答复——田埂没有受到任何破坏。

那个地区当时基本没有人工抽水设施。假如不是采用挖开田埂放水的方式，那么一夜之间，要把一块梯田中的水排光，光靠肩挑背驮，也要耗费很多的人力，并且场地中也必然留下大量脚印，这样的破绽根本无法瞒过当时现场勘测的调查员。因此，人为破坏也被打上了一个句号。

猜疑三：是不是云雾实现了梯田的水循环？

调查组决定换个思路，从梯田水的来源入手，也许可以找到有价值的线索。

元阳县现有梯田面积近20万亩，有些地方的一座山坡上，梯田最高级数甚至可以达到惊人的3 000多级。对于如此庞大的梯田群而言，水的作用至关重要。老罗考虑，只要把水循环这个问题搞清楚，也许能发现其中的哪个环节出了问题，从而一举破解水鬼之谜。

但是，没有任何水库，甚至是蓄水池，那么，处于云贵高原上的高山梯田中的水从何而来？梯田中的水为何保持从不干枯？对于这个问题老罗也是一肚子疑问。

一个特殊的自然现象引起了调查组的注意，那就是当地极其多的云雾天气。张世华告诉记者，元阳在1年365天中，180天左右都是有雾的。小河里面的水流到红河谷以后，变成水蒸气，形成茫茫的云海，飘到山上以后，被山上的草木吸纳，就释放出水。高山上茂密的森林收集了降雨，流入哈尼人修建的环山沟渠；渠水由高山流下，灌入梯田，层层下注，最后又注入河流。就这样，哈尼人连水车都很少用，就居然让大自然帮助自己实现了对水的空间搬运，完成了梯田的水循环。

本以为搞清楚了梯田的水循环，这时，眼前出现的画面让老罗大吃一惊。在元阳的很多地方，山顶上居然也有梯田。这时，一个更大的问题又出现了———山顶的水是怎样运输上去的呢？特别让人难以置信的是，有些山顶根本就没有树木，假如按照老罗刚刚找到的理论，仅仅依靠天然降雨，难道就可以满足梯田用水吗？

一连几天，老罗的调查毫无进展。难道真的是山有多高，水就能有多高吗？

猜疑四：是不是大山在梯田水循环系统中，起着举足轻重的作用？

调查陷入了死胡同，每个人心里都充满了疑惑。突然，老罗灵机一动，他想起了还有一个对象没有引起足够的重视，那就是山神代表的大山。大山在整个梯田水循环系统中，也是一个举足轻重的角色。

老罗猜想，也许，大山就是解决问题的突破口。

那么，首先，大山和那些山顶梯田的水又有什么联系呢？

老罗发现，那些顶上开垦出梯田的山丘，都不大，也不高，并且它旁边还有更高的山峰存在。老罗突然意识到，这其实只是一个简单的物理现象，就可以解释。水的压强作用会使相连的水系保持水面相平。而元阳的很多山系山体中，彼此的水系也相连，那么，一座高山相对于一座矮丘，就好像一个天然水塔一样。一是靠天然降水，其次就是山顶的泉眼，并且还有相对平行的山地梯田间的引流，那么大山旁边的小山丘顶上有水也就不足为奇了。

梯田水循环的问题彻底解决。那么，那块鬼田又是怎么回事呢？那个巨大的漩涡如何解释？

谜底揭晓：

田中的水一卷而空是一种极其特殊的地质现象所致。

老罗重新理了一下思路：植被完好，水源充足，没有人破坏，历史上没有发现过喀斯特地貌。老罗想：凭蒸发量，这片梯田的水上不了天，也只能入地，在这片田下面，一定隐藏着所有秘密。

此时，对特殊地质的猜疑，再一次被走投无路的老罗翻了出来。现在，破解鬼田之谜的所有希望，也只剩下这棵救命稻草了。调查组决定组织村民，到当年那块鬼田漩涡出现的地方进行挖掘。

调查组开始了最后一次尝试。对挖掘结果的担忧，让老罗心里充满了疑虑。假如还是没有找到答案，那么，抱着科学态度和老罗一同考察的调查组成员们势必将陷入另一种恐惧之中。

突然，挖掘的村民叫了起来，人们立刻围拢上去。老罗看到，清开了泥土，居然出现了一条裂隙，但是周围却没有任何其他的分支。

老罗几乎不敢相信自己的眼睛。

根据情况分析，老罗推断，这只能是一种极其特殊的地质现象。那就是在这片梯田下面很深处确实存在着喀斯特地貌，只不过只有一条裂隙在多年的侵蚀中慢慢接近了这块梯田，并且在18年前的那个早晨最终到达了地面，形成了一个巨大的漩涡，却仅仅吸走了这块梯田里的水。并且，淤泥随后又将缝隙封了起来，在地面没有留下任何痕迹，而病倒的村民也只是心理作用罢了。在人们的开导下，经过一段时间的调节，也就恢复了健康。老罗终于找到偷走梯田水的"水鬼"。

● 相关链接

喀斯特地貌

"喀斯特"原是南斯拉夫西北部伊斯特拉半岛（现属克罗地亚）上的石灰岩高原的地名，那里有发育典型的岩溶地貌。"喀斯特"一词即为岩溶地貌的代称。

喀斯特地貌是指可溶性岩石受水的溶蚀作用和伴随的机械作用所形成的各种地貌，如石芽、石沟、石林、峰林、落水洞、漏斗、喀斯特洼地、溶洞、地下河等。在喀斯特地貌发育地区，地面往往奇峰林立，地表水系比较缺乏，但地下水系却比较发达。中国的广西、贵州、云南等地广泛分布有喀斯特地貌，是世界上喀斯特地貌发育最典型的地区之一。

喀斯特是碳酸盐类岩石分布地区特有的地貌现象。中国是世界上对喀斯特地貌现象记述和研究最早的国家，早在晋代即有记载，尤以明徐宏祖所著的《徐霞客游记》记述最为详尽。

天山脚下的"共生"

在遥远的新疆天山，那儿除了有巴音布鲁克草原高山盆地的自然天鹅保护区之外，还生活着无数种叫不出名字的小动物。由于那儿人迹罕至，又有终年积雪封顶的天山诸峰。因此，那儿的小动物们几乎都是原生态快乐地生活着。

可是，就在这天高地远、杳无人烟之地，竟然真的存在着先人们在史书上记载的"鸟鼠同穴"的稀奇事。

那种鸟叫山灵，是一种类似于百灵或云雀之类的鸟儿。其体形有家雀两倍大，身上麻花羽毛。与它同住一穴的鼠叫黄鼠，体形大约比鼬要小，可比田鼠要大。在那个地方的草丛里到处可以看见一座座拱起的小鼠山。这些看起来一点都不起眼的鼠山，就是这些山灵与黄鼠共有的"家"。别看这些鼠洞从外表看起来都不咋样，可在地下却犹如迷宫一般，洞洞相连，四通八达。

天上飞的山灵为什么要入住地下黄鼠的洞穴呢？因为这里没有树木，山灵找不到安全的地方做窝。没有办法，它们就只能与那些在地下做窝的黄鼠争地盘，抢占它们的洞穴为巢。起初，那些黄鼠并不甘心自己的地盘被占，双方也展开了一些争斗。可斗来斗去，山灵最终还是入住了黄鼠的地下洞穴。而争斗无果的黄鼠也只好忍气退让。不过，在黄鼠万分不情愿地容忍这个霸道的房客入住时，却发现了一个意外的收获：山灵与它们同住在一起，竟然可以有效地帮助它们预防某些天敌的入侵。

比如有一种菜花蛇，它是黄鼠的头号天敌。当黄鼠与山灵分别单独遭遇它时，因为黄鼠的视力不济，而菜花蛇的保护色又实在难于识别，因此，黄鼠常常会惨遭毒手。但山灵就不同了：它们的眼力相当不错，再加上它们的反应又快又敏捷，所以能及时发现菜花蛇。

当山灵与黄鼠共处一室时，每逢一些天敌来犯，山灵总凭借着他们出色的眼力，事先像预警机一样飞起来喳喳乱叫，以示发生了一些新的情况。而那些眼力不济的黄鼠闻讯后，就赶紧招呼其他的同伴入洞。那些天敌常常是欢喜而来，空手而归。

因为山灵的入住，黄鼠洞穴的安全系数比先前有了提高。它们再也不用害怕一些天敌会在自己的家门口搞一些突然袭击的小动作了。黄鼠在与山灵的那段痛苦的磨合中，惊奇地发现一个自己从来都不知道的秘密：容忍别人的存在，也可以于己有利。

这两种本来风牛马不相及的动物，竟然不可思议地和平共处在同一个洞穴里！这种现象在动物界称之为："共生"。一些动物常常会做出一些出人意料又极耐人寻味的相依相存的生存方式，并因此获得于人方便、于己有利的生机。

其实，生活往往就是这样：当你愿意为别人开启一扇方便之门时，其实，也是在为自己开启一扇方便之门。共生，也是一种共赢。

●相关链接

奇妙共生

共生一词在英文或是希腊文，字面意义就是"共同"和"生活"，这是两生物体之间生活在一起的交互作用，甚至包含不相似的生物体之间的吞噬行为。

共生依照位置可以分为外共生、内共生。就外共生而言，共生体生活在宿主的表面，包括消化道的内表面或是外分泌腺体的导管。而在内共生，共生体生活在宿主的细胞内或是个体身体内部，而20世纪末的科学家研究结果推测，细胞内的叶绿体和粒线体也可能是内共生的形式之一。

美国微生物学家玛葛莉丝深信共生是生物演化的机制，她说："大自然的本性就厌恶任何生物独占世界的现象，所以地球上绝对不会有单独存在的生物。"

小丑鱼居住在海葵的触手之间，这些鱼可以使海葵免于被其他鱼类食用，而海葵有刺细胞的触手，可使小丑鱼免于被掠食，而小丑鱼本身则会分泌一种黏液在身体表面，保护自己不被海葵伤害。

一些鰕虎鱼种类，可和枪虾类形成共生。虾子会在沙中挖掘洞穴并且清理它，这两种生物就居住在这个洞穴里面，虾几乎是全盲，因此若在地面（水中的地面），有天敌的状况下会变得非常脆弱，在危急的情况下鰕虎鱼用尾巴碰触虾，以警告它们身处危险之中，随后两种生物都会迅速退回洞穴中。

有一种鸟以擅长捕食鳄鱼身上的寄生虫而出名，而鳄鱼也欢迎鸟类在它身上寻找寄生虫，甚至张大口颚以利鸟儿安全地到鳄鱼口中觅食。对鸟来说，这不仅是现成的食物来源，也是一个很安全的环境，因为许多掠食者不敢在鳄鱼身边攻击这些鸟类。

听命湖的秘密

说起云南，大家就会想到昆明、丽江、神奇的怒江大峡谷等，其实在一些我们很少听过的地方，还有很多神秘现象没被我们认识，其中有一个地方生活着一个奇异的民族——傈僳族，他们能上刀山下火海，还有一个神奇的本事：呼风唤雨。

傈僳族人生活在怒江大峡谷，传说很多年前，有一个上山采药的人，深入高黎贡山寻找草药，靠一把砍刀开路，走了一天，来到了一个湖边。就在这个湖边，采药人惊奇地发现，自己突然拥有了一种神秘的力量——能够呼风唤雨。

这个发现让老乡们很是惊奇，只要人们来到这个湖边，大声喊叫，湖边就会飘来一阵云雾，然后开始下雨。所以老乡们给这个神秘的湖起了个名字，叫听命湖，意思就是能听从人们命令的湖。

传说终究是传说，听命湖山高路远，没有几个人到过那里。而在听命湖人们到底能不能呼风唤雨，很多人没有听说，也没见过，只有去过那里的人言之凿凿地确认，只要站在听命湖，他们就可以呼风唤雨。

喊声是怎样影响到天气变化的呢？声波真能引发空气的震动吗？

我们可以做一个实验：在一个空气流动很小的房间里我们点上香，可以看到烟雾是笔直的，这时我们在旁边放一个鞭炮，就能清楚地看到烟雾受到震动发生了变化。这个实验说明，声波可以引起空气的扰动，从而产生气流的碰撞。

在听命湖，人们发出的声波在一定程度上扰动了相对稳定的空气，从而使湖面产生上升气流，这种声波的扰动在这里起到了一种使云层加速运动的作用。

二战期间，炮战过后，会带来下雨的天气，也是在水气充足的情况下，声波引发空气对流形成的。在我们常见的雷雨天气里，雷声响过之后，雨点总是会密集一些，也是同样的道理。

既然声波就可以引起空气对流，那么是不是在我国南方的很多湿润地区，不论海拔高低，城市乡村，只要我们喊上几句，都能产生听命湖这样呼风唤雨的现象呢？

在人类活动较多的地区，有太多复杂因素影响着我们的天气。在一些多云的天气里，虽然我们感觉到云层很低，但是我们发出的声音也不足以引起下雨，这是因为我们平常所处的环境并没有处在下雨与不下雨的临界状态。而在听命湖，由于地处低纬度高海拔的山区，这里常年云雾缭绕，雨量丰沛，就是我们不喊，山区也是常年雨水不断，局部气象一直保持在一种不稳定的临界状态。

什么是临界状态呢？让我们举一个例子吧！倒上满满一杯水，虽然很满但是还没有溢出来，这就是临界状态。这时我们再往里加一滴水，或者是轻轻晃动一下杯子，水就会溢出来。听命湖下雨就是这个道理。由于水汽饱和，周围群山环绕，环境单纯没有其他因素的影响，它就保持稳定的状态。一旦受到影响，就会发生变化，量变积累到一定程度，就达到质变。我们在湖边大喊的声音，就能够影响到气流的变化，从而形成阵性降雨，这喊声就是这最后的一滴水。

虽然容易受到干扰，但是人们的声音跟雷声相比，实在是微乎其微，这么小的声音也能影响到空气的对流吗？这是由于听命湖坐落在大山深处，四周都是高山，这样的环境能起到汇聚声音的效果。

在群山环绕之中，我们的呼喊声被山峦放大，从而达到了扰动空气的作用，使听命湖上空的气流碰撞，产生雨滴，这就是听命湖呼风唤雨的秘密。

● 相关链接

人类的"呼风唤雨"

普通的下雨需要满足三个条件：上升气流，凝结核，充足的水汽。

我们平常见到的下雨，是这样形成的。首先要有一块充满水汽的云彩飘过来，然后云彩遇到一股气流，使云彩不停运动，云彩内部的水汽在运动中遇到灰尘之类的凝结核，在高空低温的状态下，形成了小小的冰晶，这些冰晶不断碰撞，长大，最后云层托不住了，他们就掉下来，变成液态的水珠，形成降雨。

人工降雨就是利用了冰晶凝结的原理，在有云层的情况下，向高空播撒干冰或碘化银等冷云催化剂，加速水汽的凝结，增加云彩里的冰晶数量，促发降雨。

昆虫与仿生学

昆虫个体小，种类和数量庞大，占现存动物的75%以上，遍布全世界。它们有各自的生存绝技，连人类也自叹不如。人们对自然资源的利用范围越来越广泛，特别是仿生学方面的任何成就，都来自生物的某种特性。

●蝴蝶与仿生学

人造卫星在太空中由于位置的不断变化可引起温度骤然变化，有时温差可高达两三百度，严重影响许多仪器的正常工作。科学家们受蝴蝶身上的鳞片会随太阳的照射方向自动变换角度来调节体温的启发，将人造卫星的控温系统制成了叶片正反两面辐射、散热能力相差很大的百叶窗样式，在每扇窗的转动位置安装对温度敏感的金属丝，随温度变化可调节窗的开合，从而保持了人造卫星内部温度的恒定，解决了航天事业中的一大难题。

●蜻蜓与仿生学

蜻蜓通过翅膀振动可产生不同于周围大气的局部不稳定气流，并利用气流产生的涡流来使自己上升。蜻蜓能在很小的推力下翱翔，不但可向前飞行，还能向后和左右两侧飞行。此外，蜻蜓的飞行行为简单，仅靠两对翅膀不停地拍打。科学家据此结构基础研制成功了直升飞机。飞机在高速飞行时，常会引起剧烈振动，甚至有时会折断机翼而引起飞机失事。蜻蜓依靠加重的翅痣在高速飞行时安然无恙，于是人们仿效蜻蜓在飞机的两翼加上了平衡重锤，解决了因高速飞行而引起振动这个令人棘手的问题。

●蜂类与仿生学

蜂巢由一个个排列整齐的六棱柱形小蜂房组成，每个小蜂房的底部由3个相同的菱形组成，这些结构与近代数学家精确计算出来的菱形完全相同，是最节省材料的结构，且容量大、极坚固，令许多专家赞叹不止。人们仿其构造用各种材料制成蜂巢式夹层结构板，强度大、重量轻、不易传导声和热，是建筑及制造航天飞机、宇宙飞船、人造卫星等的理想材料。

蜜蜂复眼的每个单眼中相邻地排列着对偏振光方向十分敏感的偏振片，可利用太阳准确定位。科学家据此原理研制成功了偏振光导航仪，早已广泛用于航海事业中。

昆虫在亿万年的进化过程中，随着环境的变迁而逐渐演化，都在不同程度地发展着各自的生存本领。随着人们对昆虫的各种生命活动进一步了解，越来越意识到昆虫对人类的重要性，小小的昆虫在未来会为人类增添更多的惊奇。

随天气变化的神奇石头

福建省石狮市祥芝镇祥运村附近有一块在当地村民眼里非常神奇的巨石：指南针一靠近它就会改变方向；碰上恶劣天气它就会流出红水。据说，流出红水后，海上还会刮起大风。因此，当地好多渔民曾据此判断是否该出海。巨石为何能让指南针改变方向，又为何会流红水呢？

这块石头高约3米，顶部宽约1米多，底部宽约3米，上小下大呈偏三角形状。因为岩石就在山顶，而这座山三面靠海一面靠陆地，离海很近，所以经过长时间的海风侵蚀，石头表面有众多裂痕，其中，在面冲大海的一面岩壁上还有4条长约80厘米的深裂痕，此外，岩石表面还出现剥落现象。

这块石头除了能让指南针改变方向外，最神奇的是，一碰到恶劣天气，岩石深裂缝中就会流出红水来。每当大雨来临，朝海的那面岩石上的深裂缝就常会流出红色的水来。当地渔民习惯将这一现象称作"吐红"。而石头"吐红"后，就会刮起大风。

岩石能让指南针方向改变有两种可能性。一种可能性是这块岩石本身就是从外星空间掉下来的，也就是从天上掉下来的陨石，因为陨石本身主要成分就是铁。第二种可能性就是这块岩石自然形成时就是一块大的铁矿石，或者就是一块含铁比较多的其他矿石。因为岩石内部含有比较多的四氧化三铁也就是我们俗称的磁铁矿，所以岩石里磁性就比较强，就能对指南针的指针方向产生影响。

既然岩石中含有磁铁矿，那为什么现在唯独顶端的小范围的磁性要比其他地方强许多呢？岩石的质地多是不均匀的，含有磁铁矿的量也不一定均衡，所以就会有的地方磁性强有的地方弱。另外，还有一个原因是跟这块岩石的样子有关系。如果这块岩石比较高大，下面偏大上面偏小，介于长条形与圆椎形之间，那么一旦内部含有磁铁矿时，它就相当于变成了一个带极的巨型磁铁棒。磁铁棒顶端中心位置的磁性自然要比其他地方的大，所以指南针放在顶部中心的时候指针偏离的最厉害。

为什么会流红水，这是因为岩石表面有许多裂痕，岩石裂痕中的磁铁矿长时间暴露在空气当中，会跟空气发生氧化反应变成三氧化二铁即赤铁矿，这个过程也可以称之为风化。在海边，由于海风非常大，更容易发生这种反应。当天气好的时候，赤铁矿只会呆在岩石里面，一旦下雨，尤其是下大雨的时候，赤铁矿就会被雨水冲下来，这个过程就好像人们洗澡一样，赤铁矿就好比是身上的污垢，只有在冲刷时它才会顺着水流下来。由于赤铁矿外观颜色为红褐色，融在水里流出来，所以看起来就像是流出了红水或褐水。

植物疯长的"巨菜谷"

美国阿拉斯加州安哥拉东北部的麦坦纳加山谷、前苏联濒临太平洋的萨哈林岛（库页岛）和印度尼西亚的苏门答腊岛是三个神奇的地方，因为那里的蔬菜长得硕大异常：土豆长得像篮球那么大，豌豆和大豆能长到2米长，牧草也高得可以没过骑马者的头顶。由于这三个地方所有的植物都生长得异常高大而迅速，所以被人们称为"巨菜谷"。

"巨菜谷"的植物为什么会长得如此迅速，科学家提出过多种假说，做过许多相关试验。有人认为"巨菜谷"的硕大蔬菜是一些特殊品种，但他们将外地的蔬菜籽拿到这三个地方种植，只要经过几代繁衍，也会长得出奇的高大。如果把"巨菜谷"的植物移往他处，不出两年就退化成和普通植物一样。有的科学家认为，这是因为"巨菜谷"地处高纬度地带，夏季日照时间长，那里的植物能够吸收到特别充足的阳光，从而刺激了它们的生长激素，导致其疯狂生长。可是，还有很多地方和"巨菜谷"处于相同的纬度，却并未发现有如此高大的同类植物。有的则认为"巨菜谷"现象是骤冷骤热的日夜温差，破坏了植物生长系统才使得它们疯狂生长，但与"巨菜谷"有类似气候条件的其他地方却没有这一奇异现象。还有的认为可能是"巨菜谷"富饶的土质或者土壤中有什么特别刺激生长的物质在起作用，科学家对这里的土壤进行了实地化验，结果却提供不出可以说明此处土质特殊的资料和数据。

还有些科学家认为，起作用的并不是一种原因而是上述各种条件的综合，有的地方虽与"巨菜谷"处于同一纬度，却由于不具备如此巧合的多方面条件，所以生长不出那么高大的植物。这种观点虽然比前几种完善得多，但无法解释萨哈林荞麦在欧洲第一年可以照样长得巨大。

种种假说都被人们实验、研究的结果无情地否定了，许多科学家都曾到"巨菜谷"考察，提出了种种解释，但始终没有一种理论能把"巨菜谷"出现的奇迹确切加以说明，所以至今仍是无法揭开的谜。

植物品种、基因、土壤元素、光照时间、骤冷骤热的地理条件等假说都无法解释现阶段"巨菜谷"植物疯长之因，更无法解释史前年代植物如何在全球范围内疯长。造成这种植物疯长的成因究竟是什么呢？

"巨菜谷"植物疯长是重水含率极低，射线强度高，电场磁场强度高等原因所致。在现代地球常态条件下，只要某个系统中重水含率比0.015%正常值低25%以上，生物体就会发育良好、生长迅速、植株硕大。史前年代，自然水系中重水含率远低于0.015%正常值，加上强大的射线、电场磁场对植物生长的刺激促进作用，植物长得又快又大也就理所当然了。

宇宙空间时时刻刻在向地球抛射氘粒子流，每隔7 000万年左右剧增一次，平时是微增；地球水系中的重水含率从古至今，越来越高；放射性元素的含量越来越低；电场、磁场强度越来越低，这些原因导致植物生长速度越来越慢，体型越来越小。但现代地球上极少数地方，如"巨菜谷"，那些地方的地下深处土壤岩石中储存了史前年代的低氘轻水，并源源不断地输送至地面，或者地下深处的土壤岩石具有过滤重水的功能，普通水经过滤后达到地面时成了轻水。那里地下埋藏了大量的放射性元素矿藏。"巨菜谷"的地质构造、地形地貌、空间、气象条件等因素造成那里的强电场、磁场，加上土地肥沃、温度适宜、阳光充足、空气湿润等优越的环境造成"巨菜谷"出现植物的返古现象，成为显现古代生机勃勃生态环境的一个缩影。

追逐阳光做运动

万物生长靠太阳，几乎所有的植物——哪怕是那些喜阴的植物，都离不开阳光的哺育。植物对阳光的依赖，可以从它们的叶片上看出端倪：你只要把一盆花草放在窗台上，过段时间就会发现，花草的叶子会向着窗外阳光充裕的方向生长。

不过，大部分植物的向光运动表现得比较含蓄。当然，比有对阳光特别依恋的植物，它们无时无刻都紧紧地追随着阳光，因而呈现出了有趣的向光运动特征。这其中我们最熟悉的就是菊科一年生草本植物——向日葵。

葵花朵朵向太阳，单从它的名字上，我们就能够非常生动地想象出这种植物跟着阳光运动的场景了。事实也的确如此：向日葵从发芽到花盘盛开之前这一段时间，的确是向日的，其叶子和花盘在白天追随太阳从东转向西，不过并非即时的跟随，植物学家测量过，其花盘的指向落后太阳大约12度，即48分钟。太阳落山后，向日葵的花盘会慢慢往回摆，直到次日凌晨，再次朝向东方等待太阳升起，开始新一轮逐阳运动。至于向日葵的运动奥秘，其实跟睡莲大同小异，因为向日葵对阳光十分敏感，在阳光的照射下，生长素的含量在向日葵背光一面急剧升高，刺激背光面细胞拉长，从而慢慢地向太阳转动，当然这种运动与太阳的方向自然就会有一点落差了。在太阳落山后，生长素重新分布，使得向日葵又会慢慢地转回起始位置。

随着向日葵花盘的增大，向日葵早晨向东弯曲、中午直立、下午向西弯曲、夜间直立的周而复始的转向逐渐停止，花盘除表现为越来越明显的垂头外，朝向不再改变。抑制转向的因素，一是不断增大的花盘重力；二是成熟期临近，分生区和伸长区的生长过程已基本结束。而已不再是幼嫩茎的组织趋向衰老，生长素含量较少，且木栓层形成。在转向受抑制之初，当夜间茎顶直立后，最先接受早晨来自东方阳光的照射，为此，绝大部分花盘朝向东，又由于受抑制也有一个过程，是缓慢进行的，所以还能够向南偏转一个约30—40度的角度，久之便以花盘朝东南方向固定下来。

说到追逐阳光的运动，还有一种植物是绝对不能漏掉的，那就是被子植物门、多年生花卉——睡莲。

多年生水生花卉睡莲，就是一种天天跟随着太阳朝九晚五乐此不疲运动的可爱精灵。清晨，当太阳升起的时候，睡莲那纤美的花瓣就开始徐徐张开，仿佛从睡梦中慢慢醒来，渐渐抬起羞涩的脸庞；傍晚，太阳即将落山之时，花瓣也会慢慢合拢，仿佛重又进入梦乡一般。睡莲之所以能够追随着阳光做运动，与植株中含有对光线特别敏感的生长素有关。清晨，太阳升起之后，闭合的睡莲花瓣外侧因受到阳光的照射，生长变得缓慢，花瓣内侧因为背光，生长素异常活跃，使得花瓣内侧迅速伸展。于是，睡莲从梦中醒来，绽开了。待到睡莲的花瓣完全展开后，阳光全部照射在了睡莲花的内侧，于是，内侧的生长变慢，外侧则开始活跃生长伸展，花儿就慢慢地自动闭合起来。这种奇异的生理特征，使睡莲养成了每天朝开暮合、追逐阳光的习性。

与睡莲同样，有着逐阳运动习性的另一种著名植物，就是豆科的落叶乔木——合欢。不过，合欢跟着太阳做运动的并不是它的花朵，而是叶片。合欢的叶片十分漂亮，是偶数羽状复叶，由许多对生的羽状小叶片组合而成。白天，这些小叶片舒展平坦，夜幕降临，无数的小羽叶就成双成对地折合关闭起来。这种有趣的生物运动习性在植物生理学中被称为睡眠运动，是一种典型的植物感光性运动。

具有同样睡眠运动习性的植物还有不少，比如豆科多年生草本植物——红三叶草；酢浆草科多年生草本植物——酢浆草；罂粟科多年生草本植物——白屈菜；锦葵科一年生草本植物——羊角豆，等等。

动物眼里的世界

大多数哺乳动物是色盲。如牛、羊、马、狗、猫等，几乎不会分辨颜色，反映到它们眼睛里的色彩，只有黑、白、灰3种颜色，如同我们看黑白电视一样单调。西班牙的斗牛场上，斗牛士用红色的斗篷向公牛挑战，人们原以为是红色激怒了它，其实是因为斗篷在公牛眼前不断摇晃，使它受到烦扰而发怒，如果换上别种颜色的斗篷，公牛也会出现同样的反应。

狗不能分辨颜色，它看景物就像一张黑白照片。狗追捕猎物除了4条腿外，主要靠嗅觉和听觉。

我们人类的“近亲”猿猴也是色盲，过着平淡无奇的灰色生活。田鼠、家鼠、黄鼠、花鼠、松鼠、草原犬等也不能分辨颜色。长颈鹿能分辨黄色、绿色和橘黄色。鹿对灰色的识别力最强。斑马是色盲。

鸟类则不然。除了某些过惯了夜生活的鸟类，如猫头鹰等，因为视网膜中没有锥状细胞，无法认色以外，许多飞禽都有色的感觉。鸟在高空飞行需要找到降落的地方，颜色会帮助它们判断距离和形状。这样它们就能够抓住在空中飞的虫子，在树枝上轻轻降落。鸟类的辨色能力也有利于它们寻找配偶。试想，雄鸟常用艳丽的羽毛吸引异性，如果它们感受不到颜色，那雄鸟还有什么魅力呢？

多数水生动物都具有辨色能力。鲈能感知颜色，生物学家用染成红色的幼虫喂它们，待其习惯后，改用红色羊毛喂它们，鲈竟然照吃不误。龙虾、小虾以及爬行动物里的甲鱼、乌鱼等，也都有色的感觉。

昆虫虽然属低等动物，但是它们的辨色能力比哺乳动物高明。据悉，蜻蜓对色的视觉最佳，其次是蝴蝶和飞蛾。

苍蝇和蚊子也能看见颜色。家蝇最讨厌蓝色，因而不愿接近蓝色的门窗、帐幔。蚊子能够辨别黄、蓝和黑色，并且偏爱黑色。勤劳的小蜜蜂生活在万紫千红的花丛中，却是红色盲，红色和黑色在蜜蜂眼里没有什么区别。蜜蜂能分辨青、黄、蓝3种颜色，但橙、黄、绿在它们看来是一样的。它们也搞不清蓝与紫有何不同。可是，蜜蜂能看见人所看不见的紫外线，并能把紫外线和各种深浅不同的白色和灰色准确地区别开来。和黑色在蜜蜂眼里没有什么区别。蜜蜂能分辨青、黄、蓝3种颜色，但橙、黄、绿在它们看来是一样的。它们也搞不清蓝与紫有何不同。可是，蜜蜂能看见人所看不见的紫外线，并能把紫外线和各种深浅不同的白色和灰色准确地区别开来。

神奇的洞穴

希腊亚各斯古城有一个无底的洞穴，每天要"吞噬"3万多吨海水，却从未向外溢出。有人认为海水可能从下面流向周围的湖泊里，便将无数的红色塑料颗粒灌入洞穴，然后，在周围的河流、湖泊里寻找塑料粒的踪迹，但每次考察均以失败告终。

尼加拉瓜圭纳附近的丘科米尔镇，有一个直径345厘米的洞穴。上午，洞口呈椭圆形；下午，成了不规则的长方形；深夜，变为正方形；次日凌晨，又成了椭圆形，如此循环不止。据当地老人说，自古迄今，这个洞穴一直在反复变化。最近，意大利电视台已将此洞的"变技"摄成镜头，搬上荧屏。

在印度尼西亚西比路岛上有一个祛除疾病的洞穴。关节疼痛或神经衰弱者只需在这洞穴里居住十天半月，便不治而愈。岛民利用这得天独厚的洞穴开办了一家医院，洞穴内设有40多张病床，已有7000多名国内外关节炎或失眠症患者恢复了健康。

印度安得拉邦贝卢姆村附近，有一座罕见的重叠洞穴，全长2.1公里。这里洞中有洞，一洞套一洞。大洞之中有三层重叠洞穴，最底层的地洞的尽头是泱泱湖泊。

秘鲁普诺省贝列斯塔村，有一个会奏乐唱歌的洞穴。清晨，洞穴内发出阵阵悦耳动听的风琴声；中午，洞内敲锣打鼓，热闹异常；傍晚，横笛悠扬，时高时低。如果阴雨连绵，洞穴内就会"表演"女声独唱，"嗓音"娇柔无限。据考察，这洞穴有极大的磁矿。现在，每天都有不少人到这里游览，欣赏这举世无双的音乐洞穴。

在委内瑞拉古艾纳的郊外，有一个奇特的洞穴，它每天上午11时开始喷吐烟雾，每次两小时。喷吐的次数、时间和数量都很有规律，年年如此。据测试，烟雾无味无毒，每年慕名前来参观的游客达8万多人次。

我国湖南省辰溪县仙人湾扎头山村海拔700多米的山腰上，有一个狭长的小石洞，清泉长年不断。每天早晨8点、中午12点、下午6点左右各有一次洞水涌出，站在洞口隐约可听见洞内涛声。十分奇怪的是，如果涌出来的水浑浊，在两天内，周围地带必有大雨。故当地人都称它为"测天洞"。

在湖南省石门县九渡河乡，有一个奇妙的岩洞，被当地人称为"风洞"。"风洞"洞口约1平方米见方。洞内不断喷出的气流与外界空气相遇，凝结成白雾常年在洞口缭绕，并延至很远。远远望去，公路似突然中断，令许多第一次来此地的人望而却步。更为有趣的是，人站在洞口，上下感觉截然不同：盛夏时节，上身热风烤人，挥汗如雨，而下半身却凉风飕飕，暑意顿消；隆冬到来，上面风雪交加，冰寒刺骨，下面则暖气融融，春意浓浓。

指示植物

大家都知道，在化学实验时常用一种试剂石蕊——它在酸性溶液中为红色；在中性溶液中为紫色；在碱性溶液中为蓝色。根据它所显示出的不同颜色，即可知道溶液的酸碱度，因此，称石蕊为"指示剂"。

其实，在植物这个奇妙的王国里，也存在着天然"指示剂"，人们称之为"指示植物"。如果你稍加留心的话，就可以发现一个有趣的现象：牵牛花早晨为蓝色，到了下午就变为红色了。这是因为牵牛花中含有花青素，这种色素在碱性溶液中为蓝色，在酸性溶液中为红色。随着一天从早晨到晚上空气中二氧化碳含量的增加，牵牛花对二氧化碳吸收量也逐渐加大，花中的酸性不断提高，从而造成花色由蓝变红。因此，牵牛花即是对空气中二氧化碳浓度的指示植物。

随着人类对原子能的广泛利用，辐射危害也日益受到人们的重视。有一种名叫紫鸭跖草的植物，它的花为蓝色，但当受到低强度的辐射后，花色即由蓝色变为粉红。所以，这种植物可以作为测量辐射强度的"指示剂"。

利用指示植物，还可以监测环境的污染情况。比如，在绿化树种中，树姿优美、常年碧绿的雪松，对二氧化硫和氟化氢很敏感，若空气中有这两种气体存在时，其叶片就会出现枯黄现象，也就是给人们报警——空气受到了污染，所以人们称它为"报警器"。目前，环保科学工作者已经找到了不少敏感植物，作为测量大气污染的指示植物。例如，用紫花苜蓿、菠菜、胡萝卜等可监测二氧化硫污染；用唐菖蒲、大叶黄杨、郁金香等可监测氟的污染；用玉米、洋葱、苹果树等可监测氯的污染。

那么，这些指示植物为什么对大气污染能起到"报警"作用呢？这是因为当空气受到二氧化硫、氟化氢、氯气等污染时，这些有害气体可以通过叶片上的气孔进入到植物体内，受害部位首先是叶片，叶表面会出现各种伤斑。不同的有害气体，所引起的伤斑也不一样，二氧化硫引起的伤斑往往出现在叶脉间，呈点状或块状；氟引起的伤斑大多集中在叶尖和叶的边缘，呈环状或带状。指示植物不仅能告诉人们大气受到哪种有害气体污染，同时还能粗略地反映出污染程度的大小。

科学家通过测定发现，指示植物对大气污染的反应很灵敏。例如，氟的浓度超标时，菖兰即会出现症状。因此，当我们从指示植物那里得到污染"报警"后，应引起足够的重视，并要立即采取防治措施。

更为有趣的是，一些植物花的颜色变化，也可以作为寻找地下矿藏的重要标志。例如，锰可以使花朵呈现红色，镍可以使花失去色泽，依据这些现象，便可以找到锰矿和镍矿。

科学家对植物探矿之谜进行了研究，原来有些植物在生长发育中特别需要某些矿质元素，而深埋在地下的矿物，在漫长的地质年代里，一部分元素逐渐变成了能被植物吸收利用的离子状态，因此一些植物便喜欢生长在富含某种它们特别需要的矿质物元素的土壤上，这样一些指示植物便成为人们寻找矿藏的重要依据了。

指示植物还可以预报地下水，如在苔草、木贼、水灯心等生长的地方，一般地下均有泉水；而在芦苇、宽叶香蒲生长的地方，往往有缓流水或滞流水。随着地下水层深度的增加，就会被莞草、黑琐琐、骆驼刺等代替。

揭开鲨鱼的"凶狠面具"

鲨鱼，常被认为是海洋中最凶猛的动物。多数人相信，鲨鱼是凶残之徒，尤喜食人，鲨鱼因此背上了十恶不赦的骂名。

其实，世界上绝大多数鲨鱼是比较温和的，通常不会无故伤人或杀人，有的甚至会与人类嬉戏。统计数据表明，2002年全世界共有63起鲨鱼无故攻击人类的报告，其中仅有3人死亡；2003年全世界有55起鲨鱼无故攻击人类的报告，其中只有4人死亡；2006年全世界有78人被鲨鱼攻击。与人类遭到其他动物攻击和意外事件相比，这只能算少数事件而已。根据美国加利福尼亚州的记录，1980年至1990年的10年间，全州遭鲨鱼袭击者不足32人。事实上，被鲨鱼攻击的死亡人数远远小于宠物狗对人类的伤害。不过，现实生活中，人们对于鲨鱼的凶残行为往往会夸大其词。

美国旧金山大学的生物学家伦纳德·康帕格认为："大部分鲨鱼是温和的、小型的，于人类无害。"但食人鲨是个例外。它们饿极了便六亲不认，互相残杀，管它父母兄弟，统统可以用来果腹。由于，食人鲨伤人、吃人的事件屡有发生，这也是事实。可食人鲨不过二三十种，而且食人鲨也往往因为饥饿或误会才伤人。目前，世界上像食人鲨一样恶名昭著的还有大白鲨、虎鲨、白鳍鲨、恒河鲨、鳍头鲨等少数几种。美国科学家大卫·鲍德里奇则表示，鲨鱼因误会而伤人的原因往往是人们误入了其领海，威胁到它们进食，或是打搅了情侣间的缠绵，激起了其嗜血的欲望等。

其实，鲨鱼根本"不齿于"人肉。鲨鱼对人一般啃咬一口就松开，原因往往出于好奇：什么怪物？居然有两条腿！实际上，它们只是在试探陌生的东西，仅此而已。

通过前面的介绍，我们知道了鲨鱼大多数都非常温顺的事实，但鲨鱼张开的血盆大口及其锯齿状尖锐的成排牙齿，还是给人凶相毕露、随时准备行凶的错觉。其实，这是人们对鲨鱼正常呼吸的曲解。

鲨鱼每侧有5—7个鳃裂（不像我们平常从集市买来的鲤鱼，有一对鳃盖护着鱼鳃）。其鳃壁较薄、面积大、间隔很长，由鳃弓延伸至体表与皮肤相连。鳃上的血管非常丰富，鳃瓣如暖气片那样贴附在鳃间隔上，因而鲨鱼又被称为板鳃鱼。海水流经鳃瓣时，氧气进入血管与血红蛋白结合并被输送至全身，血液中的二氧化碳则渗出到水中。鲨鱼借此完成了呼吸过程。

只有大张着口，才能有更多的海水流入口中，保证鲨鱼获得充足的氧气，不会因窒息而死，这才是鲨鱼一直要张大嘴巴的根本原因。这完全是一种正常的生理行为和正常的生活姿势，实在不是人们想象的那样。只不过在游动时，张着嘴的鲨鱼看起来的确很可怕，可我们总不能禁止人家呼吸吧？

客观地说，由于难以长期跟踪观察等原因，人类至今对鲨鱼的行为、习性和喜恶的了解仍然相当有限。又由于《大白鲨》等影片的夸张渲染以及我们以讹传讹的主观因素，长期以来，人们谈"鲨"色变，真的妖魔化了鲨鱼。

事实上，鲨鱼在地球上已经生活了4亿多年，是在恐龙之前就已存在于地球上的活化石。人类出现在地球上，却只有短短数百万年。因此，和鲨鱼这个地球上的老前辈相比，人类实在是连后辈也谈不上呢！不幸的是，此一时，彼一时，作为老前辈的鲨鱼，眼看就要因人类的滥捕滥杀和贪欲而灭绝了。据美国野生救援协会统计，近15年间，大西洋中的大白鲨减少了79%、锤头鲨减少了89%。

对海洋生态系统来说，鲨鱼是海洋中最重要的肉食动物，是海洋生物"食物链"中重要的一环，它们对许多海洋生物的数量起制约作用，而且特别容易受到过度捕捞的损坏。一旦它们的数量减少，就会威胁到整个海洋生态系统的平衡。

自然界中的"伪装大师"们

我们常在电视里看到动物生活的一些精彩镜头：一头狮子将它的利齿插进一匹斑马的脖颈里；一群野牛奔驰而过，扬起了冲天飞尘；一对丹顶鹤缠绵交颈翩翩起舞……但是在真实的大自然中，这类场面是很少出现的。动物们在多数时间里的表现都是很"低调的"，它们会努力地掩饰自己，尽力让自己与周围的环境融为一体。它们就像变魔术一样，凭空"消失"在周围的环境中，必须仔细"找"，才能发现它们的踪迹。动物的这种伪装能力令人惊讶。

数千年前，人类就注意到了动物的这种离奇的"伪装术"。动植物专家们一直在观察和研究这种现象。有些动物身体的颜色会和它们喜欢栖息的环境中的颜色十分相像。比如生活在潮湿沙地和垃圾粪肥中的珩科鸟，和那些喜欢待在干燥而色泽较浅环境中的珩科鸟比较起来，背部的褐色显得更深。有些动物会随着季节的变化调节它们身体的颜色，当雪花飘起来的时候，它们褪掉深色的羽毛，让身体的颜色与冬天的景色更加相融。有些海洋生物吃了它们栖息处的珊瑚虫，它们的身体也会"染"上那些珊瑚的色彩。

更奇怪的是，一些动物身上鲜明的斑点或者条纹竟然也能起到自我保护的作用。比如斑马和长颈鹿，它们身上的条纹能够扰乱狮子的视线，使狮子不容易辨别出斑马身体的轮廓。

南美亚马逊河流域是一片树的海洋，生活在其中的美洲豹，遍身黑斑花纹，能与林中的光影充分融合，它连自己的眼睛也进行了有效的遮掩，因为有许多动物，什么都藏得好，就是眼睛常使它们现了身形。豹身的花纹在靠近脸部时，变得又小又密，与眼睛形同一致，完全交融。眼仁也不是黑色，而是黄色，与全身毛发相同。非洲狮的眼睛也是黄色，当它隐藏于因干旱而变为金黄的草丛中时，谁看得出它的行踪呢？斑马一身条纹，黑白相间，看上去过于明显，实则是为紧急情况下隐身用的，当一头狮子向斑马群发起攻击时，快速移动的大片条纹交错变化，足以让狮子眼花缭乱，失去锁定的目标。

如果只是将自己融合于周围环境，还不算伪装高手，有些动物，会随着环境的变化而变化。如变色龙、章鱼、乌贼等体表色素发达，变化的频率又快了许多，它们会在一路行进中时刻不停地改变自己的颜色，在树上它是绿色，到地面又成褐色，简直如变戏法一般。

变色龙是一种以昆虫为食物、适合树栖生活的爬虫类，行动非常缓慢，有卵生及卵胎生之分。它们天生有一种奇妙的本领，当遇到天敌或看见猎物，甚至是保护自我领域等危急情况发生，就会不断地随意变换自己的体色。

到底是什么原因造成变色龙能够自由地改变体色呢？这是由于它们皮肤里色素细胞的结构使然。这种神奇的天赋，能够让它们靠近猎物而不被发现，也可以保护自己免受天敌的攻击。直至2002年12月的统计结果显示，目前世界上已知的变色龙约有158种，主要分布在非洲大陆和马达加斯加岛一带，在东地中海的一些岛屿上也能见到它们的踪影。

章鱼或许是珊瑚礁中最善于表演的居民，它有完善的变色本领，被称为"海洋中的变色龙"。章鱼受到外界的刺激，由浅灰色一忽儿变成黑色，不久又变成了灰色。枪乌贼的基色是由橙黄色和褐红色组成的。平时，它的体色是无色或半透明的，里面的墨囊隐约可见；当激动的时候，枪乌贼变成殷红色或者橄榄棕褐色，那墨囊就被深色掩盖得看不见。

舍去颜色的选择，免去变化的麻烦，才真正使伪装达到出神入化的境地。海洋里有种虾虎鱼，通体透明，观之若无，周围即使有对手看它，也如透过一层玻璃看向远处，一点觉察不到这条鱼的存在。无色透明的水母也是如此，它含有剧毒，隐身是为了更好地捕猎，它无形无状，拖着长须，游游荡荡，看似柔弱无力，随水漂流，实则是依靠自身力量，不断地游动向前，寻觅食物。

还有些动物，能将身形的隐与显巧妙地结合起来。澳洲宽蛇，有毒，身呈褐色，便于隐藏，惟尾尖处色彩鲜艳，极似一节毛虫，常在半空不停扭动，吸引小动物的到来，此时蛇头石头般一动不动，就潜隐在枯枝草叶中，当蜥蜴什么的前来捕食时，却不知自己已到了蛇的嘴边。

为了生存，动物的伪装技法不断突破，有些种类还达到了仿形与拟态的境地。它们模仿的对象多为植物与岩石，如竹节虫、草叶虫、枯叶蛾，就连动作也似悬在树枝上一摇一摆，抖动不已的风中的叶片。大洋中的海龙，形似长长的绿叶，在水中左右漂浮，若不是那两只小眼睛，谁看得出它竟是海底动物？有种蜘蛛，身形如花，爬在黄花丛中，它好似其中的一朵，转向白色花朵，它又成了白花。还有兰花螳螂，极似兰花，甚至将兰花的细节都模仿得惟妙惟肖，你无法用常规的观念去寻找它的脑袋和身子，这就是一朵花，盛开着，很美，然而这花会瞄准猎物悄悄地靠近，对方有所觉察，它又保持不动，让你什么也看不出来，它的出击，却似闪电般迅猛，很少有昆虫能逃过这样的劫难。

鱼儿的变色本领也很高明。比目鱼的牙均，变色的色泽众多，在白色、黑色、灰色、褐色、蓝色、绿色、粉红色和黄色的环境里，都能巧妙地同环境的色彩相一致。一种叫纳苏的石斑鱼，会变换8种不同的色泽和形态来。忽儿全部呈黑色；忽儿腹部变成了乳白色，背部有明显的带；忽儿又变成了灰色；在受惊逃向假山时，它淡淡的底色中，突然现出黑色的斑和带；一会儿又变成了均匀的暗色。

鱼儿不仅能变色，还能模拟外界物体的形态。巴西河流里的叶形鱼，扁平的身体，头部前面伸出了一个像叶柄似的吻突，加上它黄根色斑纹的外表，看上去像一片橘黄的树叶。一种叫神仙鱼的大使鱼，它行动缓慢，常常停留在海水的中层，体色很像周围的水草。生活在水草中的裸蛙鱼，黄色的身躯上镶有块块白斑，还长有各种增生物和棘鳞，这种伪装和拟态同周围环境十分协调。

昆虫对付体大、眼锐的鸟兽，除了施出变色、伪装、拟态来防御外，在自然界激烈的生存竞争中，还使出了种种绝招，成为"伪装大师"。例如，水蜡虫身上的圆盘，像一对圆睁的猫头鹰的眼睛，南美的卡里果蝶，它的后翅上面各有一个色彩和形状都像磁头鹰头部的图形。南美天蛾的幼虫遇到危险时，身子左右摇摆，就像条小蛇。日本的樟蚕蛾，它翅膀上的花纹，仿佛大嘴青蛙的面孔，一副凶相。鸟儿看到了它们，都不敢轻易侵犯了。

沙漠里的"储水器"

植物王国不仅有着伟大的生命活动，而且种类繁多、姿态万千。它们有的挺拔参天；有的细如绒毛；有的四季常绿；有的五颜六色……植物也几乎无所不在，有的长在高山，有的生于深海，有的附生于其他生物之上，有的又寄生在一些生物体内，无论是干旱少雨的沙漠、终年积雪的冰峰，还是气候极为恶劣的南北极地，都有它们的踪迹。

植物的多样性与植物的生存环境息息相关。生长于缺少氮素环境中的食虫植物，用奇特的捕虫叶捕食昆虫来补充体内的氮；生长在干旱地区的仙人掌，有着肥厚肉质的茎，可以贮藏水分供自己慢慢饮用；水里的凤眼莲，其鼓大的叶柄使叶片漂浮于水面，进行"呼吸"；水边的落羽杉，有膝状的呼吸根从土中伸出，以寻求更多的空气……

神奇的千岁兰是世界最奇妙的植物之一，它形状矮小，生长在非洲的纳米布沙漠。纳米布差不多是地球上最干旱的地方，年降水量只有10毫米。大雨更是罕见，100年也可能只出现1—2次。干、热、缺水和高温，正是一望无垠大沙漠的特点。但是千岁兰却能在这里找到生长所需的水分，它的叶片上面有一层厚厚的膜，可以反射阳光，天气炎热时，叶片便卷曲起来，防止水分流失。它的根须占地面积可达50平方米，并可达到5米深的地下。

千岁兰的茎十分短粗，直径有1米左右，高只有20—30厘米，根又直又深。茎顶下凹，像个大木盆。"木盆"边却有两片牛皮纸一样的又长又宽的带状叶片。叶片宽约30厘米，长2—3米，分别长于"木盆"两侧。由于沙石的磨损和干燥的气候，叶片常裂成许多细片，当你远远望去，整个千岁兰植株就仿佛是一只爬伏在沙海上的大章鱼。

千岁兰最特殊的技能要算"饮雾"了。纳米布沙漠很干旱，别的植物都把叶子缩小成针状（或刺）以减少水分蒸发，可千岁兰却一反常态，叶片长得又大又长，真是怪事。其实，千岁兰存活的秘密就与这两个巨大的叶片有关。原来，纳米布沙漠的气候有点古怪。它是近海沙漠，在夜晚有大量海雾形成重重的露水滴落下来，千岁兰就可以通过它的又大又宽的叶片吸收凝聚在叶面上的水分，弥补土壤中水分的不足。再加上它那又直又深的根可以吸收一些地下水，这样，在纳米布沙漠就可以找到立足之地了。

千岁兰的叶片基部可以不断生长，虽然叶片前端可能损伤破坏，但基部可继续补充，所以，不但它的叶片形状奇特，叶片的寿命也极长，一经长出，终生不换。科学家估计，千岁兰一般能活百年，以至千年。寿命最长的，据说有2 000年。这样，它的叶子当然也可活千年，成为寿命最长的千岁叶了。千岁叶，这在植物中也可能是绝无仅有的。

在非洲干旱的热带草原上，生长着一种形状奇特的大树——它的名字叫波巴布树。由于猴子和阿拉伯狒狒都喜欢吃它的果实，所以人们称它为"猴面包树"。

猴面包树学名叫波巴布树，又名猢狲木，别称猴面包树，是大型落叶乔木。猴面包树树冠巨大，树杈千奇百怪，酷似树根，远看就像是摔了个"倒栽葱"。

猴面包树的树形壮观，果实巨大如足球，甘甜汁多，是猴子、猩猩、大象等动物最喜欢的美味。当它果实成熟时，猴子就成群结队而来，爬上树去摘果子吃，所以它又有"猴面包树"的称呼。

除了非洲，地中海、大西洋和印度洋诸岛，澳洲北部也都可以看到猴面包树。不管长在哪儿的猴面包树，树干虽然都很粗，木质却非常疏松，可谓外强中干、表硬里软。这种木质最利于储水，因此它有独特的"脱衣术"和"吸水法"。

每当旱季来临，为了减少水分蒸发，它会迅速脱光身上所有的叶子。一旦雨季来临，它就利用自己粗大的身躯和松软的木质代替根系，如同海绵一样大量吸收并贮存水分，待到干旱季节慢慢享用。据说，它能贮几千公斤甚至更多的水，简直可以称为荒原的贮水塔了。

在沙漠旅行，如果口渴，不必动用"储备"，只需用小刀在随处可见的猴面包树的肚子上挖一个洞清泉便喷涌而出，这时就可以拿着缸子接水畅饮一番了。因此，不少沙漠旅行的人说，"猴面包树与生命同在，只要有猴面包树，在沙漠里旅行就不必担心。"

植物的"超级武器"

在生物世界中，植物也不是任人"欺凌"与"宰割"。好多植物为了生存，也练就了许多独特的"本领"。在他们的"武器库"中，不仅有"常规武器"，有的甚至还"研究"出了"生化武器"。

在秘鲁的索千米拉期山里生长着一种半米高，如脸盘大小的野花，每朵花均有外花瓣，每个花瓣的边沿上生满了像针一样的尖刺。若你碰它一下，花瓣立即会猛地飞弹开来伤人，轻者让人流血，重者会永远留下疤痕。在我国西双版纳森林里也有一种叫做"树火麻"的小树，此树虽小，但报复性极强，人要是触碰到它，就会马上被它"咬"上一口，使人火烧火燎地难以忍受，即使是厚皮大象也很怕它，一旦被其"咬"伤，也会疼得嗷嗷直叫。

而一种名叫"布尔塞拉"的树，会借助于"射击"来保卫自己。如果你是个喜好攀折花木的人，不经意间从它的树枝上摘下一朵花或一片叶子，那么就有好瞧的了：在树叶的断口处，即刻会喷射出一种令人讨厌的粘性液体，溅得你满身都是。这种喷射可持续3—4秒，射距达15厘米。

经化验得知，这种粘性液本是此树在长期进化中合成的一种名叫萜烯的化合物，它遍布于枝、叶的树枝管道中，形成一个高压网道，随时准备捍卫自己。布尔塞拉对付虫子也有一套。当它的叶子部分受损时，会有一种快速浸没反应。即它会让释放的萜烯类物质快速流遍受损叶片，在几秒钟内就能覆盖叶面至少一半的面积，迫使虫子窒息或快速逃离。

到过印尼布敦岛西部森林区的旅游者，如果恰好是弹树花开的早春季节，那准会看到有关弹树的奇观。每天，当地的姑娘们头顶漂亮的竹篮去树林捡拾可以食用的各种飞鸟。这些鸟，刚刚遇到一场浩劫，被打得头破血流、肢残翼断，造成这些鸟类严重伤亡的杀手就是弹树。

原来，在弹树枝干交叉的枝苞上，生出一种钩形的枝杈，钩尖倒勾在枝干交叉处的另一枝苞上。在刚长出时，钩尖依附着枝头的力量向外扩展，但是由于钩尖被花苞上的茎枝所牵拉，无法脱身，故而形成了一种拉力，而且随着花苞的日益增大，枝杈形成"弓上弦、弦满月"的紧张状态。四月里，树上的花苞开始吐蕊放香，钩枝也处于一触即发的状态。树上的花香会引来无数飞鸟，只要飞鸟稍稍碰上花朵，被绷紧的钩枝即会产生急剧而猛烈的弹力，贪嘴的小鸟还没弄清怎么回事便一命呜呼了。由于弹树花开有前有后，因此这种残酷的杀鸟表演会持续一个多月，并且成为当地旅游业的一大景观。

我国云南省有一种属于山茶科的树，叫黑德木，别看它平时悄没声息，它的脾气可真不小，如果有人劈它一斧或砍它一刀，黑德木即刻"勃然大怒"，伤口处发出像自行车内胎漏气般的"突、突"声，声音可持续四五分钟。当地人说这是黑德木对侵略者发出的强烈的"抗议"！

也有一些植物的武器不是那么引人注目，但也足以让那些敢于冒犯自己的入侵者刻骨铭心，甚至命丧黄泉。

臭虫爬上蚕豆叶面时，会被叶面上锋利的钩状毛缠住，无法前进，也无法撤退，直至饥饿而死；棉花植株的软毛能对抗蝉的侵犯；大豆的针毛能防御蚕豆甲虫的进攻；多毛品种小麦比少毛品种更不易让叶甲虫的成虫产卵或被其幼虫食用……

有的植物，如紫杉的叶子和某些蕨类植物，含蜕皮激素或类似蜕皮激素的物质，这种物质被昆虫取食后，不是早日蜕皮就是永远呈幼体，变不了成虫，无法繁殖后代，从而断子绝孙。

有一种叫西波洛斯的植物，能够产生一种使昆虫蜕皮的激素，而这种植物制造出的高浓度激素，使侵害它的蝗虫虽然能够蜕皮，但翅膀扭曲或者卵无法完全发育。

如果植物的某一部分有病毒或真菌入侵，整个植株就会感受到，防御系统亦会在此时发挥作用。譬如，植物细胞中的液泡可以储存一些有毒的物质，由于外界刺激，会使这些毒物破泡而出，令入侵者中毒。

● 相关链接

植物的"箭"、"枪"、"炮"与"地雷"

非洲中部的森林中，有一种长着坚硬、锐利的刺的树木，当地居民称之为"箭树"。箭树的叶刺中含有剧毒，人、兽如被它刺中，便会立即伤命致死。有趣的是，当地的黑人常用这种箭树做成箭头和飞镖，用来猎获野兽、抗击敌人！

植物"枪"中威力最大的要数美洲的沙箱树了。它的果实成熟爆裂时，能发出巨响，竟会把种子弹出十几米之外。所以，只要沙箱树结好果实后，人们便不敢轻易地接近这种植物"枪"了。

喷瓜号称植物"炮"，它生长在非洲北部。由于它的果实成熟以后，里边充满了浆液，所以喷瓜一旦脱落，浆液和种子就"嘭"的一声，像放炮似的向外喷射，要是有人在场，那准被轰得落花流水！

在南美洲的热带森林里，生有一种叫马勃菌的植物，它可是一种植物"地雷"哩！这种植物结果较多，个头很大，一个约有5公斤左右重。别看它只是横"躺"在地上，人不小心踩上这种"地雷"，立即会发出"轰隆"一声巨响，同时还会散发出一股强有力的刺激性气体，使人喷嚏不断，涕泪纵横，眼睛也像针刺似的疼痛。所以人们管它叫"植物地雷"。

知时间的花草

在大自然中，植物有着一定的生理节律。它受约于生物钟，植物的生物钟可能控制花的开放，香味和花蜜的产生，树根液汁的分泌，树叶的休眠等的生物化学活性。花按序开放也许是为了吸引不同时间活动的传粉者，如白天开花的植物吸引蜜蜂、蝴蝶和小鸟；夜间开花的植物吸引飞蛾和蝙蝠。

远古时代，我们的祖先就发现植物能指示时间。同其他生物一样，植物也会用"生物钟"调节自身的生命活动。它们具备独特的时间判断机制，这是一代又一代在特定环境中进化形成的。一天中不同时段花儿会有不同的反应。因此，假如您身边没有钟表，花儿能告诉您几点了。

从前，学者们以为，一天中不同时段植物的茎和花发生变化只同外部因素有关，如日升日落，温度升降，空气湿度变化等。但是，20世纪以来，这个观点发生了变化。人们发现，植物借助自身的周期系统，可以准确地测量时间。近几十年的研究表明，宇宙射线是影响生物的生命活动和内部机制的主要因素之一。为了证明这一假设，学者们在地下深处，能避开宇宙射线和人类干扰的专门实验室里栽种植物。实验结果表明，没有太阳光线，植物的"生物钟"失灵了，而且失去了辨别空间方向的能力。

植物体内早已形成的周期系统不断稳固地代代遗传。它们的一切生命活动都遵从生物钟规律。这种时间规律在花朵鲜艳的植物身上体现得尤为明显：它们的花冠会像钟表一样持续、准确地判断昼夜时间变化。

许多植物开花和闭合的时间很有规律，似乎在告诉人们一天的时间。

植物的周期性是逐渐形成的，它不仅符合昼夜时间变化的节奏，还能适应前来采集花粉的昆虫的生活规律。如果植物上的昆虫静止不动，花儿就会合上；当昆虫们活跃起来时，花儿随之绽放。傍晚，为了不让柔嫩的器官受凉，防止夜露的侵袭，植物都会合上花朵。

　　大多数植物是白天开花，然而也有一些花属于"夜猫子"类型。二叶舌唇兰只在日落之后才散发花香。合了一天的大烟草花夜晚也绽放了，释放出浓郁的香味。黑夜里，昆虫飞行需要有参照物，白色的花儿和香味正好充当定向物和信号灯。

　　由于大多数植物都是在一天中某个特定的时间开花，瑞典著名植物学家卡尔•利涅利用这一规律发明了"花钟"。他按照花儿开合的时间将植物分组。第一个花钟设在位于北纬60度左右的瑞典城市威萨尔郊区。只有在阳光明媚的日子里，花钟才能准确指示时间。如果遇到阴天、雨天和浓雾天，花儿根本不开花，或者改在别的时间开花。

　　当然，植物花钟是否"走"得准，还取决于生长地点、空气温度和湿度等条件。但是，无论花钟走快或慢，它们总是按着自己的时间周期开花。

　　自古道"花开花落自有时"，在西双版纳热带植物园里，你随处可见一种黄色小花，每到开花季节，每天早晨太阳升起时，大约9点钟左右，花朵就绽放；下午太阳落山时，大约6点钟左右，花朵就闭合，每朵小花每天都是这样，大约要持续一星期左右才凋谢。

　　这种美丽的黄色小花，就是时钟花科的草本植物时钟花。它来自遥远的南美洲。时钟花有多个品种，常见的有黄色时钟花和白色时钟花。时钟花为什么会按时开放？因为它具有生物钟，生物钟是长期进化过程中，为适应环境变化而形成的。其实，植物、动物和人都有生物钟。

　　时钟花的花开花谢非常有规律。早上开晚上闭，更有意思的是，它的花几乎同开同谢，奇特无比。有研究表明，时钟花的开花规律与日照、温度的变化密切相关，同时受体内一种物质——时钟酶的控制。

　　这种酶调节着时钟花的生理机能并控制着开花时间。日出后，随气温逐渐升高，酶活跃起来，促进了花朵的开放，当气温上升到一定程度，酶的活性又渐渐减弱，花朵也就自然凋谢了。经观察，时钟花开花所需的温度在18℃到20℃，凋谢时温度在28℃到32℃。晴天常在上午9—11时开放，下午3—4时谢落；阴天午间12时左右开放，下午5—6时谢落，有时甚至第二天早晨方谢；若气温较低，则花朵开放时间常要延迟到下午3时，且只是"迎风户半开"而已。

神奇的动物雨

德国科学家 A·V·汉姆伯特曾就安第斯地区天上落鱼的情形作了如下记述，并确信这些鱼是从火山口喷出来的。

当地震发生时，安第斯出现一连串的火山喷发现象，在火山爆发所产生的强大力量的摇撼下，地壳裂开了，同时喷出了水、鱼和石灰浆。这是一次奇异的喷鱼的现象，当地人称之为"普利娜地亚"。

下边是一段关于1794年在法国拉兰村的蟾蜍泛滥记载：天气火热。下午3点钟左右突然下了一场大暴雨，150名庄严的士兵为了不被水淹没，被迫从他们藏身的一大片洼地中撤出。令人惊异的是，这时开始有大量的蟾蜍从空中落到地面上，个头儿只有榛子大小，蹦得到处都是。一名叫 M·盖耶特的士兵，不相信这无数的爬虫是从天上随着雨水掉下来的，他把手帕展开，几个士兵每人扯起一个角，举过头顶，果然接到了许多小蟾蜍，许多还带有小尾巴，也就是说依然有蝌蚪的形态。在半小时的暴雨过程中，士兵们明显感觉到有一股带着蟾蜍的风吹到他们帽子和衣服上。

法国科学院接到 M·社帕基的报告如下：1814年8月的一个星期天，在经过数星期的干旱和炎热之后，离阿门斯1.6公里远的弗雷蒙村下午出现了暴雨。暴雨之后刮起的大风把教堂都摇晃了，吓坏了里边的信徒。在横穿教堂与神父宅邸之间的广场时，我们浑身上下都被雨打湿了，更使人惊骇的是身体上、衣服上到处爬满了小青蛙，地面上也有大量的小青蛙到处乱蹦。到达神父宅邸时，我们发现在一间窗户已被风暴刮开的屋子里，地板上积满了水，爬满了青蛙。

1817年，在一阵大风和一夜大雨之后，孩子们发现，在苏格兰阿基希雷河的西恩渡口附近长满了青苔的地面上撒满了1寸半至3寸长的鲜鱼苗，有2—3桶之多。虽然克里兰海湾仅距这里有90米远，但是在南边，根据当时的风向。这些鱼苗像从北面48公里之外的林渤海湾刮过来的。中间还隔着海拔90米高的沼泽地。然而，从这些鱼的身体上看不出任何伤痕，也没有任何一点证明它们是随水而落的痕迹。

1861年2月16日，新加坡发生了一场地震。地震过后下起大暴雨，当月20、21、22日，雨下得很可怕。一个叫弗朗西斯·卡斯诺的旅行家和生物学家当时正住在新加坡，他对当时目击的情景回忆如下：上午10点钟，太阳已升起，我打开窗户向外看去，看到许多马来人和中国人正在从地面上积满雨水的水洼中拾鱼，把他们手中的篮子装得满满的。我问当地的民民鱼是从哪来的，他们告诉我是从天上掉下来的。三天之后，地面上的雨水干了，在干涸的水洼中有大量的死鱼。把这些小动物拿来检验，我辨别出是新加坡淡水湖泊、河流中大量生存的鲇鱼，在马来半岛、苏门答腊等地也很常见。它们约有25—30厘米长，属成年鱼。

这些鲇鱼生命力很强，离开水之后还能存活很长时间，在地面上能爬行很远，于是我立即想到它们可能是从附近的小溪或河沟里爬出来的，但是我住的房子有院墙，它们不可能越墙而入。

1994年2月22日，有人发现数百条斑鲈在丹马拉威塞德旅店的停车场里蹦跳着，该旅店离澳大利亚北部的沙漠内陆约590公里。一周之后，在同样一个地方，又掉下来稍大一些的鱼，当时在下暴风雨，一夜之间下了127厘米深的水。

有一种解释也经常被拿出来解释天上掉青蛙和鱼的情况：那些不小心的动物是被路过的海上龙卷风从一条河或者池塘里给刮起来的，之后又给抛在沿路的某个地方了。这个说法值得推荐：一方面，长期以来人们已经知道，有一些天上落物的确是海上龙卷风造成的。1913年11月，在新南威尔士的夸伦迪，一次旋风造成了落鱼；1921年6月的一次龙卷风也在路易斯安那州掉下鱼来。不过，海上龙卷风的学说也有缺点。从来都没有听说有任何蝌蚪掉下来的事情，也没有听说经常与鱼和青蛙一起窝在池塘里的有臭味的泥土、破瓶子、旧自行车和其他碎屑掉下来。

而且，这个理论也无法轻易地解释大部分奇怪的例子。有很多极具当地色彩的东西落下来：1859年2月，在南威尔士的阿什镇，大批淡水米诺鱼和棘鱼从天上掉下来，盖住了狭长的一块地。在很长一段时间里，有人提出来说，除了这个限制极严格的长方形以外，没有一条是落在外面的，可是，最近有位研究者表明，在周围的山上也发现了掉下来的东西。

有特异功能的蛇

蛇是一种有灵性的动物。一谈到蛇，人们既感到恐惧，同时又充满好奇心，因为它们所具有的某些"特异功能"的确惊人。

● 天堂树蛇：蛇类中的"滑翔健将"

在东南亚地区生活着一种会"飞"的天堂树蛇，它能在密林中潇洒地穿梭滑翔，倏然之间，已在数丈开外！天堂树蛇是世界上唯一一种能控制自身滑翔姿态的蛇，它的体长大约在1—12米之间。与其他会滑翔的哺乳动物不同的是，天堂树蛇没有翼膜，它在滑翔过程中完全靠扭动自身肋骨所产生的动力来改变方向。而在开始下落时，它们的头部会不停地左右摇摆，从而使身体弯曲成"S"形，保持一种较为稳定的飞行姿态。为延长滑翔时间，天堂树蛇在空中平均每秒收腹一次，使整个身体呈扁平状，就像一个微型滑翔伞一样。

● 气功蛇：卡车压身仍无恙

你知道吗？蛇也会练"气功"。在西班牙的马德里地区生活着一种绿色的小蛇，别看它其貌不扬，一身的"硬气功"却是极其了得。当它"运气发功"时，连8吨重的卡车都对它无可奈何。有意思的是，这些艺高胆大的"气功蛇"像调皮的孩子一样，总喜欢爬到马路上"看热闹"。当汽车疾驰而来时，尽管它们早已感受到地面的震动，但却并不急着逃走，而是故意要秀一秀自己的"看家本领"。只见它们深吸一口气，腹部的气囊立刻涨得鼓鼓的，然后，吸入的气体迅速流遍了全身，这样，它们的身体就会变得坚硬无比且富有弹性。当车轮从身上碾过时，就像压在胶皮管上一样，根本伤害不到它们。

● 带电蛇：连续放电两小时

几年前，人们在南美洲的亚马逊河流域发现了一种会放电的蛇。这种蛇浑身乌黑，体长约两米左右，乍一看还以为是普通的灰鼠蛇呢。但实际上，它比灰鼠蛇可厉害多了，因为它有一种极具杀伤力的"秘密武器"——生物电流。当它释放强电流时，连身躯庞大的河马都无法忍受。不过，它并不是通体放电，它的"秘密武器"隐藏在尾部。曾有人将电压表的触头搭在它的放电部位，结果发现仪表的指针居然指向650伏！好在这种蛇虽然电力强劲，但放电时间不长，每天约持续两个小时左右。

● **着火蛇：晒干后可以制成蜡烛**

在非洲几内亚湾的罗姆岛上，有一种奇特的"着火蛇"。这种蛇通常栖居在河堤的洞穴之中，从外表来看，似乎并没有什么特别之处，只是周身像火一样通红。但令人奇怪的是，这种蛇非常怕火，只要一点火星溅到身上，马上就会熊熊燃烧起来。正因为如此，这种蛇经常会引发一些大大小小的火灾。据生物学家研究，这种蛇之所以沾火就着，是因为它体内的脂肪含量很高，尤其是它的舌尖，含油量更是惊人。聪明的当地人利用"着火蛇"易燃的特性，制成了一种"生物蜡烛"。具体方法是：把捉来的"着火蛇"剥开并取出内脏，晒干后在蛇体内插一根烛芯，并绑在一根铁棒上，这样，一支独特的"蜡烛"就做好了。

● **路盲蛇：边"走路"边做"记号"**

每种动物都有自己的认路方式。一般来讲，蛇能通过舌尖分叉来探察周围情况，并接受空气中的气味分子，从而辨别回巢的路径。但在印度洋西南部的马达加斯加岛上，却生活着一种靠沿途"撒粉"来认路的怪蛇。原来，这种蛇"记性很差"，稍微走得远一点就晕头转向，是个彻头彻尾的"路盲"。为了便于探路寻踪，它们想出一个"笨办法"——在经过的地方作一些只有自己才能辨认出来的"记号"。这种记号实际上是从它们的身体上蜕下来的一部分蛇皮，这些蛇皮被阳光晒干后，会变成有强烈气味的银白色粉末。这样，"路盲蛇"就可以凭借身后留下的这条银白色的"带子"找到回家的路。

●蛇的奇招

有一种叫做颈棱蛇的无毒蛇，有时为了特殊需要，会在短时间内突然将身躯变大、变粗，外貌变得漂亮起来。还能将头部变成明显的三角形，让人们误以为是毒蛇。其实颈棱蛇是典型的无毒蛇。

无毒蛇中生性凶残的王锦蛇，能生吞眼镜蛇和众多小动物，但有时它为了逃生，也会喷放出一种臭气，以此绝招来熏昏或熏跑天敌，保护自己。

眼镜王蛇和眼镜蛇常用怪叫的伎俩，来恐吓自己的天敌。当它们遭遇敌害时，会将颈部迅速膨大，并竖起身体的1/3以上，口中发出"呼、呼"的怪叫，头颈部的花纹变得如同戴上了"眼镜"，其状凶狠无比，从而致使大多天敌望而却步。

装死是蛇遇敌害时逃生的惯用本领。它能躺在地上一动不动地装死，以此来麻痹对方。甚至对方用嘴拱、抓扑都会不动一下。最会"装死"的是腹蛇和双斑锦蛇。敌害一旦离开，它们会重新"复活"。

金环蛇、银环蛇、赤链蛇有将头部藏在盘蜷躯体下面的习惯，给对方一种老实的错觉。但它们往往乘对方不注意时，会猛地将头弹出打你"冷枪"，狠狠地咬你一口。

有趣的"矿物草"

指示植物能在生长的环境中反映出当地有哪些矿物元素。为什么指示植物能充当寻找地下矿藏的"侦察兵"？这是因为这些植物生长时需要一定数量的某种金属元素，由于长期的适应，指示植物不仅能通过根吸收到很多的金属元素，还能把它输送到茎、叶、花、果实或种子内贮藏起来。这样，在一个地方如果发现对某种金属有特别嗜好的植物，就说明该地区可能存在某种金属矿藏。

有些植物还能指示土壤的酸碱度，或对空气中有毒气体产生敏感反应。因此它们又可成为环境的"监测哨兵"。

　　唐菖蒲是鸢尾科植物家庭的著名花卉，老家在非洲南部，亭亭玉立的穗状花序上，开着红黄色、白色或淡红色的花，既鲜艳夺目，又温馨可人。然而，在环境生物学家的眼里，唐菖蒲的闻名并不在于它的美丽。上个世纪60年代，当环境科学在西方崛起时，美国等国的环境学者们发现，唐菖蒲对空气污染特别敏感，当空气中氟化物达到一定浓度时，叶片就会因吸收氟表现出伤斑、坏死等现象，向人们发出污染"报警"信号。进一步研究发现，唐菖蒲的"报警"本领惊人，远远超过了人类本身的感觉能力。20世纪70年代到20世纪80年代，唐菖蒲被广泛用于我国的环境生物学研究，人们称它为氟污染指示植物，是环境监测不下岗的"哨兵"。

　　在非洲赞比亚西部的大地上生长一种叫"和氏罗勒"的唇形科草本植物。这种小草在有的地方长得欣欣向荣，有的地方长得萎弱不堪，有的地方开着紫色小花，有的地方开着淡红色的花，另一些地方则开着紫红色的花。这种会开多种颜色花的小草引起了英国地质学家伍德沃德的兴趣，他是一位园艺爱好者。他掘起一些长势较好的小草，栽种到自己家的庭院里。

　　可是，不知怎么搞的，种在庭院里的"和氏罗勒"竟渐渐枯萎下来。伍德沃德分析了一下原因，认为毛病很可能出现在土壤里。他们对野外长草处的母土进行了化学分析，发现凡长得旺盛的地方，土壤中必定含有丰富的铜元素，他再用含铜量很高的水给自家院里的"和氏罗勒"浇灌，这些小草果然一天天欣欣向荣起来。

　　伍德沃德产生了一个联想：这是一种"铜草"，是铜矿的指示植物，在它蓬勃生长的地方，地底下就有丰富的铜。根据他的想法，人们于是四出寻找"铜草"，通过它来找铜矿。人们发现在赞比亚的卡伦瓜地区，到处长着开着紫红色的花朵的铜草，一勘探，地底下果然有一个大铜矿，储铜量达9亿吨！

　　严格说起来，"铜草"的发现权并不属于伍德沃德，早在我国几百年前的古籍中就记载：在我国的长江沿岸，生长着一种名叫"海州香薷"的植物，凡是这种植物生长特别茂盛的地方，附近就可能找到铜矿，因此人们叫它"铜草"。海州香薷的花是蓝色或蔚蓝色，科学家研究证明，这种植物花朵的颜色是铜矿给染上去的。因为海州香薷的根扎入有铜矿的土层中，将铜离子吸收到体内，当形成铜的化合物时便显现出蓝色，所以就把花朵染成了蓝色。我国安徽铜陵，从海州香薷大量生长的地方发现了铜矿；大洋洲最大的铜矿也是从铜草茂盛生长的地方发现的。在挪威有一种石竹科植物，也可以帮助人们找到铜矿。又如，异极草、林堇菜聚集生长的地方可能有闪锌矿，铃形花聚集生长的地方可能有磷灰石矿，在针茅大量生长的地方可能有镍矿，在喇叭花大量生长的地方可能有铀矿，在七瓣莲大量生长的地方可能有锡矿，在鸡脚蘑、凤眼兰生长的地方可能有金矿。此外，在美国有一种豆科植物，可以预报方铅矿的存在。在瑞典和德国有一种十字花科植物，可以帮助人们找到锌矿。

自然界中，能指示矿藏的植物还有一些，比如喜锌堇菜和喜锌海石竹，它们就偏偏喜欢生长在其他植物感到有毒，生长不好的含锌土壤中，被人称为"锌草"。说起来，示锌植物实际上是人们最早用来探矿的"绿色指示器"，早在罗马帝国时期，开矿者就在今天德国的亚琛附近通过寻找"锌草"来发现锌矿。

不但有一些植物能帮助人们找到矿藏，而且还有一些植物能帮助人类采矿呢。

说起人类发现植物能"采矿"，还得从北美洲的"有去无回谷"的故事谈起。"有去无回谷"是一个神秘的山谷。可是到那里垦荒的欧洲移民，往往住不了多久，就会得一种莫名其妙的怪病。患病的人，先是双眼失明，然后毛发脱落，最后因全身衰竭而死。因此，当地的印第安人给它起了"有去无回谷"的名字。

后来，科学家考察了这个神秘的山谷，揭开了谜底。原来，这个谷地里含有十分丰富的矿物——硒，植物在生长时吸收了大量的硒，人吃了含有大量硒的植物，在体内聚集起来，引起中毒而死。

硒是一种很稀散的矿物元素，开采起来很费力，当人们弄清了"有去无回谷"致人死命的真相以后，就在那里种上了能大量吸收硒元素的植物紫云英，等到紫云英长成收获以后，将它烧成灰，便可以从中提取硒。用植物采矿的方法，人们不但得到了大量的硒，还节省了许多人力和物力。

能帮助人类采矿的植物还很多，如从海带中可以提炼出碘；从锌草中可以提炼出锌；从紫茸蓿中可以提炼出稀有的金属钽；从一种名叫蓝液树的树液中可以提炼出镍。人们利用植物对一些金属的特殊爱好，不但可以发现地下矿藏，还可以在其他一些方面为我们服务。如若在果园或菜园里发现了长势很好的"锌草"，则应该引起注意，因为这说明施肥用的污泥或灌园的水里重金属含量太多，这样，水果和蔬菜也会吸收相应的重金属，因此不能供食用。

有经验的果农，当他走进一个葡萄园，看见地上爬满了一种叫葡萄蔓的地衣时，就知道这里的葡萄曾得过粉霉病。因为人们在治理葡萄粉霉病时，要喷撒含有铜元素的药水"波尔多液"，而葡萄蔓正好是喜铜植物。

还有一些植物能指示土壤的粘度、湿度、水分平衡或其他一些化学成分，它们已成为农学家、林学家、地质学家、化学家进行工作的好帮手。有了这些植物的帮助，人类要把那些土壤中含量十分稀少的矿物开采出来就容易多了。

鹦鹉传奇

●鹦鹉训练班及鹦鹉演员

在纽约，人们饲养的鹦鹉超过了100万只。一家电视台更是将生意做到了鹦鹉头上，专门开设了"鹦鹉英语讲座高级班"，客户们付款接线后，按时将鹦鹉放到电视机前听课学舌。其中一位名叫玛丽奇的女士，训练了一只鹦鹉"非非"，不仅会对话、唱歌和朗诵，甚至还能模仿一些名演员的唱腔，演绎莎士比亚的名剧片段。此事轰动一时，"非非"在世界各地的巡回表演中频频亮相，为主人赚进了大量的金钱。

●鹦鹉交警

为了节省人手，美洲一些城市的警察部门专门训练一批鹦鹉到繁忙的路段维持秩序，尤其是对付那些违章者。当鹦鹉交警发现有人不走人行道或斑马线时，它们马上飞上前去，对着那些违章者叫喊，直到后者遵守交通规则为止。

●鹦鹉气象员

古巴商船队一位退休船长的家里，养了一只全国闻名的鹦鹉，它能够预报天气。当它唱施特劳斯的圆舞曲时，就预示着要下雨了；而在暴雨将临之际，它一定会唱桑巴舞曲；如果台风逼近，鸟笼中，传出的就是雄壮的进行曲。

●鹦鹉服务员

智利的圣地亚哥有一家闻名遐迩的动物餐厅，除收款员和厨师外，其余服务员均为训练有素的动物。顾客一进大门，门旁的两只鹦鹉就用英语、法语或西班牙语致以殷勤的问候。

●鹦鹉主婚人

墨西哥有一位查理牧师，每逢他外出主持婚礼时，总要带上宠物鹦鹉做伴。一次，婚礼仪式正进行到一半时，笼中的鹦鹉突然接过了牧师的话，一字不差地念完了誓词。它那伶俐的口舌博得了满堂喝彩。从此，这只鹦鹉便常常被邀请担当主婚人，新婚夫妇都将它的光临视为一种吉祥的表示。无独有偶，英国人米高饲养了一只名叫"莫尔蒂"的鹦鹉。为了增加婚礼的趣味性，他训练"莫尔蒂"学会说整个婚礼过程中由注册官宣读的讲词，包括一些询问语。这位"动物注册官"在新人中备受欢迎。

●鹦鹉执勤

鹦鹉"皮尔特"是美国洛杉矶警察部队中的一名奇特的"警官"。配有当地警署颁发的警官证书的它在街头执勤，负责提醒孩子们在穿越马路时注意安全。

● 鹦鹉侦探

美国贝敦市一位妇女家养的一只鹦鹉平时只会说28个单词，但自从她家被盗后，居然能说出这样的新句子："到这儿来，罗拜！到这儿来，伦尼！"这位妇女去警局领取被盗物品时谈起此事，引起了警方的注意，遂连夜提审抓获的一名盗贼，弄清了真相。原来行窃当天，3名盗贼动手时突然听到有人说话，吓得撒腿就跑。其中一人发现是鹦鹉在"发话"后，冲着另两名同伙喊道："到这儿来，罗拜！到这儿来，伦尼！那是只鹦鹉！"

小动物酿成的大惨剧

● 一只老鼠葬送数百市民

1940年6月中旬，纳粹德国侵占了法国首都巴黎后，经常遭到法国爱国力量的袭击。1941年的一个夏夜，巴黎全市突然停电，全市顿时陷于混乱之中。德国司令部判断全市停电是法国武装力量进攻前的预谋。于是，德军连夜紧急从本土向巴黎增援了一个机械化师的兵力来加强戒备。德国人惶惶不可终日，熬了几天，却并未遭受袭击，于是气急败坏地杀害了数百名巴黎市民。事后查明，停电原因是发电厂开关闸刀仓的电线被老鼠咬断而造成供电系统失灵。

● 一群癞蛤蟆害死500名士兵

1944年秋，在意大利南部山区的铁路线上，一列满载着士兵的火车从贝瓦诺车站出发，风驰电掣般地向前飞奔。然而，列车出发了两小时，却还未到达相距只有5公里的前方车站，正当大家议论纷纷之际，列车上一名乘务员气喘吁吁地跑来报告，列车被迫停在了S形隧道里，车上500多名士兵已全部死亡。

原来，隧道里阴暗潮湿，许多癞蛤蟆趴在铁轨上，车轮和铁轨沾满了被轧死的癞蛤蟆黏液，如同涂上了润滑油，车轮在原地打滑。司机拼命添煤加气，想冲上斜坡，穿出隧道，但车轮始终空转不前。战争年代列车上烧的是劣质煤，散发出的浓度很高的一氧化碳聚集在通风不良的S形隧道里，车上的士兵在睡梦中因吸入过量的一氧化碳而全部中毒死亡。

●一群毒蜂毁掉巴西农业

1957年，巴西圣保罗大学意外地放出一种杂交非洲蜂的后代，从此埋下了祸根。性格猛烈的非洲蜂逃跑后，在适宜生活的南美丛林中迅速繁衍起来，不断向外扩散，并造成灾害。30年来，至少有400人死于杀人蜂的毒螫之下。后来，美国、委内瑞拉等又不断传来杀人蜂威胁人类的消息。杀人蜂对农业的威胁最大，给农作物传授花粉的本地蜜蜂，容易和这种长得相似的非洲蜂杂交，杂交后的蜂不再为农作物传授花粉，为此，巴西农业每年损失达10亿美元。

●一只飞鸟撞死13名将军

1980年9月，伊朗和伊拉克大动干戈，中东局势日益紧张。埃及总统召开了高级军事会议，商讨战争局势。会后，13名将军乘坐一架军用飞机从开罗飞往塞得港。当飞临地中海上空时，一只飞鸟随着气流像炮弹一样射进了飞机的涡轮发动机，瞬间，发动机停转，飞机失去了平衡而栽入地中海，机上13名将军全部遇难。飞机怕飞鸟是因为飞机速度快、动力大。据计算，一只飞鸟撞在飞机上，其撞击力可达百吨，这必将造成机毁人亡的惨剧，难怪航空史上称空中飞鸟是"鸟弹"。

●一只蟑螂毁了一家公司

20世纪80年代初，日本有家雨鞋公司派往东南亚、欧美等世界各地的产品推销员纷纷向公司报告了当地的雨情、水情，提供了各地需求的雨鞋款式和数量等资料。公司将这些信息输入电脑处理，计算出要生产500万双雨鞋才能满足市场需求。于是公司经理决定，立即组织生产供销，可是整个雨季只销售了20%，80%成了滞销品，该公司因此负巨额债务并最终破产。经理开始怀疑是推销员提供了错误的情报，后来经查实，竟是一只蟑螂爬进了电脑，搅乱了线路，引起故障，从而得到了生产500万双雨鞋的错误数据。

●一群蜗牛毁掉一座大桥

20世纪80年代的一个春天，尼日利亚首都拉各斯一座巨大的石拱桥突然倒塌，桥上百余名行人坠落河中丧生，这是非洲桥梁史上最惨重的事故。桥梁专家闻讯后赶到现场对事故进行调查分析，查实结果是桥梁结构和施工现场都无差错，也无超载和人为破坏。究竟是什么原因造成垮桥惨祸呢？后来，一位桥梁专家仔细调查，发现在桥拱石的缝隙间爬满了蜗牛。当地这种蜗牛喜啃食石灰，把凝固桥梁的石灰浆当成了美味佳肴。日久天长，把石灰啃完了，拱石之间失去黏结而松动，致使桥梁倒塌。

●一泡猫尿烧毁一座仓库

1990年夏天，日本南部一座仓库莫名其妙地发生了一起火灾，事后对起火原因进行调查，首先排除了人为纵火和电线短路，也否定了仓库内物品自燃和自爆，失火原因一时查不出来。后来有人在仓库里发现一只烧死的猫和墙角的一堆生石灰。一位专家进行分析推断后认为，是猫在生石灰上撒了一泡尿，生石灰遇水化合生成熟石灰，其化学反应激烈，温度高达数百摄氏度，体积膨胀2—3倍，大量的热量积聚不散，超过了可燃物的着火点，盖在上面的油毡、木板烧了起来，从而引起了火灾。为了证实这一推断，专家进行了模拟实验，将相当于一泡猫尿的水浇在生石灰上，果然使盖在上面的油毡燃烧了起来。

●小虫毁灭一座名城

苏金达是苏丹红海沿岸的一座名城，19世纪的旅行家们曾把它誉为"红海的威尼斯"，但如今它已沦为一片废墟。孰知，导致这座繁华兴旺长达5个世纪的城市毁灭的原因竟是一种小虫。

1860年，岛上的土耳其统治者下令修建城墙和营造房屋，居民们趁红海落潮之际搜集珊瑚石，运回港口充当建筑材料。在运输过程中，他们也把珊瑚虫带进了水道，从此埋下了祸根。由于这一带海水温暖适宜，导致珊瑚虫数量剧增。不久，航道便冒出几座珊瑚礁，造成港口堵塞而无法通航。到了20世纪初，甚至连小船也难以通行了，苏金达城随之渐渐荒芜，终被废弃。

乌鸦的"魅力"

在鸟的王国里，哪一种鸟在人类圈里褒贬不一，最具争议，以至于有的民族把它奉为神灵，只怕敬之不周，而另外的民族却视它为灾星，惟恐避之不及？不用费多少心思，你立即会断定：是乌鸦！乌鸦究竟亲谁爱谁、又招谁惹谁了？它何以具有如此大的争议和魅力？为什么它会在鸟类智商评比当中获得冠军的殊荣？

乌鸦不但恩怨分明，而且还对爱情忠、对朋友义。乌鸦严格实行一夫一妻制，热恋一年后才开始生儿育女。乌鸦的头领一旦失去配偶，就主动放弃权力，过起隐居生活，大有"弃江山而爱美人"的气概！乌鸦还奉行集体主义，集体的成员相互尊重，从不相互欺凌。当同伴死亡，一些乌鸦群体还会特意举行较为讲究的葬礼：乌鸦们在山坡上排成弧形，而死者躺在中间，乌鸦首领站在一旁发出"啊、啊"的叫声，好像在为亡灵超度祈祷，之后有两只乌鸦衔起死鸦，把死鸦葬到附近的池塘里，最后大家由首领带队，集体飞向池塘上空，一边盘旋，一边哀鸣，数圈之后才各自散去。

乌鸦的叫声低沉而又粗哑，确实不那么悦耳。但你可别就此以为乌鸦笨嘴拙舌，其实乌鸦嘴巴的灵巧程度并不次于鹦鹉。泰国一位动物学家专门研究过乌鸦，写过一本书叫《乌鸦会话辞典》。他认为，在鸟类世界里，乌鸦的语言是最为丰富的，叫声大约有300多种。而且乌鸦语言有很浓厚的地域色彩。

乌鸦的嘴巴虽然灵巧，但从来都是有啥说啥，直言不讳，不会因人的好恶而曲意逢迎。在我国，有许多人都忌讳"乌鸦嘴"，甚至见而避之、逐之，就是因为乌鸦能提前为人报丧。乌鸦何以具备提前报丧的特殊本领？原来，乌鸦的嗅觉异常灵敏，因非常爱吃恶臭的腐肉，所以它能及时发现动物死尸散发的气味，还能闻到从地下坟墓散发出的腐尸味，甚至还能在人们的房前屋后飞过时捕捉到某个病人临死之前所散发出的特殊异味，然后在不远不近的地方发出呱呱的呼喊，以此呼朋唤友前来聚集，等待分享即将到口的美餐。

乌鸦的智商高得出人意料。观察发现，在城市活动的乌鸦可以凭借容器的形状判断哪个是装有食物的，哪个里面没有食物。

为了测试乌鸦的推理能力，科学家还特地做了个实验：将肉块用线吊起来挂在树上，观察乌鸦的反应。实验中乌鸦很快就懂得用爪子把肉块抓牢，然后再用喙把绳子解开。乌鸦在天然环境里，从来没遇到过类似的情形，能想到用喙把绳子解开，说明乌鸦确实拥有推理能力。事例表明，乌鸦具有非常好的记忆力和推理能力。

科学家发现，仅仅用绝顶聪明之类的语言来赞美乌鸦还远远不够，因为它们竟然会像人类一样，能够制造和使用工具！能够达到这个层次的动物，目前在地球生物圈里也十分罕见。

英国牛津大学的科学家们发现，人工喂养的幼年新苏格兰乌鸦天生就会制造和使用工具，并不需要事先向自己的长辈请教或者模仿人类。他们喂养了4只与外界隔绝的乌鸦，然后把这些乌鸦转入大型鸟舍，鸟舍中有各种各样的碎树枝以及藏在岩石裂缝中的食物。人们给其中两只乌鸦演示如何从狭小的空间中利用树枝取食，另外两只则不给演示。结果，4只乌鸦都显示出了利用树枝作为工具的能力，而且都会用喙小心地把硬树枝雕刻成尖利的工具，在乱叶堆中翻找昆虫。不论是否学习过，它们在使用工具的技术方面没有任何不同之处。

科学家还发现，居于市区的乌鸦还懂得把收集来的坚硬果实投放到有车辆行驶的马路上，借助行车的力量来帮助它们轧破坚果。待车辆过去，它们便美美地吃上一顿。

乌鸦为什么会有如此高的智慧，为什么在创造能力上堪与黑猩猩媲美？

对比研究发现，乌鸦大脑虽然容量较小，皱褶不像黑猩猩那么多，但其核心的纹状体十分发达。该纹状体操纵乌鸦的各种本能活动，如吃东西、歌唱、飞行、繁殖等。乌鸦的智力也主要取决于这一结构的发达程度。专家还发现，乌鸦大脑执行知觉处理、运动控制和感觉运动的区域，与黑猩猩的脑皮质层是一样的。乌鸦大脑中的视叶还形成一个视觉联系装置，这个装置类似于黑猩猩的视觉皮层，这个特殊装置能确保乌鸦在飞翔过程中及时处理所遇到的各种复杂问题，同时还能帮助乌鸦正确地区分敌友。解剖还表明，乌鸦的脑重量大约有10克，占体重的比例已达到0.16%，和黑猩猩的大脑占体重的比例是相同的，这就意味着乌鸦在神经系统的规模上与黑猩猩相近。此外，分子研究也显示，乌鸦及黑猩猩的脑部区域就基因和生物化学机制而言，也是十分相近的。

● 相关链接

聪明的乌鸦

澳大利亚昆士兰州的丘陵里住着猎户杰克，他养着一条很聪明的猎狗汤姆。一天，一只恶鹰将一只乌鸦扑倒在灌木丛里，汤姆发现后立即钻进灌木丛里把恶鹰咬死，把断了一条腿的乌鸦衔回来。乌鸦养好伤了，却不肯飞走，除了觅食，总是跳在汤姆背上玩耍。没过多久，猎狗汤姆失踪了，这使杰克十分烦恼。第8天，杰克发现乌鸦偷了他晒的一条肉干，直往后山方向飞去。杰克顺着乌鸦飞的方向寻去，发现乌鸦将嘴里的肉干丢进一条山缝里。杰克走近山缝，发现猎狗汤姆就在这条深达10米的缝隙里，这才使他想起近些天总是丢失肉干、鱼干，原来是乌鸦为救它的落难朋友而"行窃"。

为了吃到葡萄，乡下的乌鸦和果农展开了一场有趣的斗智。一群乌鸦突然闯到一果农的葡萄园来，啄食葡萄，果农只好坚守在葡萄园里。但这也不是长久之计，于是果农心生一计，每天固定穿一件棕色的衣服，以便给乌鸦输入一个信号：穿棕色衣服的一定是果农。这样试了好多天，果农发现，只要他在葡萄园里，乌鸦们都不敢来了。于是，果农便正式施展了自己的金蝉脱壳之计：将身上的衣服剥下裹住一个稻草人，让稻草人立在葡萄园里，而自己却回家了。但那些想吃葡萄的乌鸦智商还真不低，它们先是在空中不停地飞，不停地叫，然后往"果农"的身上屙屎,这样反反复复地做过几次之后,发现"果农"没有任何反应。于是乌鸦们在心里认定:这个"果农"肯定不是真人。随后,乌鸦们开始了葡萄宴。

人兔大战

在澳大利亚,兔子是最令人痛恨的动物。有人估计在澳洲兔子的数目约40亿只,也许只有老鼠和人类能与之相比。

然而,兔子并非澳洲的土著,它们的历史才100多年:这40亿只兔子全部源于1859年的一次火灾,在这次乱七八糟的事故中,24只兔子逃出了笼子,跑进了丛林和荒野。当时不会有人想到这将是件多么严重的事。

这些兔子在远离人迹的环境里生息繁衍,几年以后,人们再次注意到它们,更准确点说,这时已经无法对它们视而不见了。

兔子的繁殖率是惊人的,每窝可产4—6仔,孕期仅4周,母兔产仔后12小时便发情,可再次交配怀胎。一年内,一只母兔可以生五六次,而它的头胎子女,当年又可以生一二次,这样算下来,一只母兔子孙孙一年可以生40只甚至60只。想想前面那个故事,你就会知道这意味着什么了。

当然在正常情况下,这种高生产率不会造成太大的问题,兔子是鹰、蛇、猛兽的食品供应者,它的一大半子女要奉献给那些掠夺者。然而,在澳大利亚,兔子的这些天敌几乎都不存在,加上环境和气候如此适宜,每只兔子都有机会活下来,并生息繁衍。于是,时间不长,兔子就遍布澳洲,原野上到处是兔子洞。兔子们啃食青草,给牧民造成了巨大的损失,有人说兔子至少使他们少养了1亿只羊。这越来越不是个轻松愉快的话题了。于是,人们开始严肃认真地对付起兔子来。

这是一场不折不扣的战争,澳大利亚人甚至动用了军队(正如他们在对付鸸鹋时所做的一样)。灭兔部队的征程绝非一场轻松郊游,有人如此描述:"军队去杀那些兔子,就和打大战一样,吃的苦着实不少。

军队所到之处，一片焦土。军队来时是大片大片的牧场，养着成群的羊，等军队走后，却成了寸草不生的泥地。"总之，动用军队所造成的损失比兔灾有过之而无不及，这并不是个好办法。

"正规战"不行了，第二阶段是"用毒战"。原野上处处布满了包藏祸心的饵料。这一着很有效，可惜太有效了——不光毒死了兔子，还株连了好多无辜，包括澳洲特产的多种珍禽，显然，继续这一战略首先遭殃的肯定不是兔子，那么，怎么才能有效地杀灭兔子而不牵连其他呢？

战争进入了下一阶段——"细菌战"，一种过滤性病毒成为这一阶段的主要武器。为了把这种来自美洲的病毒散布到兔子中间，科学家们可真是费尽了心机。经过漫长的努力，1950年，"进口死亡"计划终于见效，兔瘟大流行。田野、道路和荒地上，到处是患病垂死的兔子，它们耳聋眼瞎，脑袋肿胀变形，样子十分吓人，在死亡降临之前，它们毫无目的地奔来窜去，叫人惨不忍睹。一些好心人开始组织安乐死行刑队，到野外打死那些被折磨得不成样子的野兔。与此同时，还有不少农场主跑上好远的路寻找这些病兔，他们要带几只回去传染当地的兔子。

尽管残忍了些，但人们还是打赢了这一仗，澳洲的经验被到处效仿，这种病毒也成了热门货。先是法国，然后是德国，兔瘟蔓延了大半个欧洲，甚至还飘洋过海传到了英国，对兔子来说，那肯定是个黑暗的时代。

不管这是一个"光明胜利"还是"黑暗时代"，它持续的时间并不长。1953年，科学家们发现越来越多的兔子不怕这种涎瘤类病毒了。兔子们产生了免疫力。这似乎证明了兔子为什么是一种成功的动物。在如此惊人的生命力和适应性面前，人们开始失去了信心（须知，人们从策划、研究到实施这场瘟疫用了20年，而兔子们战胜它仅用了两年多），而且，在当今世界，"细菌战"已不那么流行了。

现在，这场战争进入了不明不白的"沟垒战"阶段，人们设置铁丝网围篱把牧场包围起来。这种围篱深埋在地下的部分是水泥混凝土，防止兔子打洞渗透。据统计，澳洲这种网篱总长度已超过16万公里。

人们在扎篱笆时，也许会想到100多年前，那只兔笼实在是应该弄得结实一点。然而对兔子来说，这个结局充分说明了谁赢得了胜利：

100年前，它们逃出了人的牢笼；现在，它们又把人关了进去。

铁木"脊梁"

众所周知，我国广西沙田柚，果味酸甜适口，堪称"中国一绝"。然而，很少有人知道，就在沙田柚的故乡——容县，生长着一种硬度不逊于钢铁的树木。这种树木便是有"铁木"之称的铁黎木。

说起铁黎木，便有必要提提坐落在容县城东人民公园内的真武阁。真武阁被称为世界建筑史上的奇迹。这是因为此阁虽然重达数百吨，但不用一钉一铆，而是彻底的木结构。

真武阁建在北灵山上，背靠绣江，面对都峤山，掩映在一片古榕的怀抱中，环境十分优雅。这座阁共分三层，高达13余米，看上去很是巍峨。

据史书记载，这里曾经发生过许多次地震，还经历过若干次风暴的袭击，但历经劫难的真武阁却毫发无伤。1706年，一阵大风拔起了附近一根10米高的旗杆，周围的墙都塌了，唯独真武阁得以幸免。1857年，当地"地震有声，屋宇皆摇"，而真武阁依然无损。1894年，一场台风席卷而来，连根拔起了阁旁的一些大榕树，几棵树甚至被抛到了江心，邻近的一些民宅也墙倒屋塌，真武阁却仍是好端端的。

真武阁建于1573年，至今400多年，雄风犹存，巍然屹立，这除了它建筑结构科学合理之外，还与木构件材料优良有很大关系。整个真武阁有3000余件木构件，这些构件全都由铁黎木加工而成。铁黎木又称格木，或铁木，刚砍伐下来呈红褐色，日子久了便乌黑油亮，光彩夺目。

铁黎木木质坚硬，分量极重，长期埋在地下或浸泡水中也不会腐烂变形，因而，铁黎木常被用于打造家具、房屋建筑、造船、桥梁和机械制造。

在广西，铁黎木的使用十分广泛。除了容县的真武阁外，合浦县的大木桥等一些古建筑也是铁黎木制作的。

在植物分类学上，铁黎木属于豆科，它们多半生长在广西东南部海拔较低的温暖多雨的低山丘陵地带，一般能长到20多米高，树干挺直，叶片呈厚革质，有光泽。

铁黎木不落叶，每到夏天，树枝的顶端便长出10多厘米长的花穗，花穗上布满了白色的小花。花开花落，到了金秋，树上便长出扁扁的荚果。

铁黎木的果实成熟以后便开裂，露出种子。这种子含有麻醉剂成分，可以入药。

特内雷之树的悲剧

在非洲尼日尔有一棵国人视为珍宝的"神树"。它是全世界唯一一株在比例为1：1000000地图上标出的树。这颗金合欢树因其生长在尼日尔阿加德兹省寸草不生的特内雷地区，因而得名"特内雷之树"。它在沙海里活了1800年，虽然主干已弯曲，树身伤痕累累，绿叶也不多，但生命力旺盛，年年生枝发芽，是那里唯一生存下来的古树。尼日尔人视之为"神树"。"特内雷之树"不仅是当地的图腾，也是备受沙漠化干旱之苦的尼日尔人民的骄傲。因为看到它，人们就会感受到生命战胜逆境的力量！

科学家曾对它进行研究，发现那里气候条件绝不适合金合欢树的生长。沙漠终年干旱，日夜温差极大，气温几乎难以预测。几分钟前骄阳似火，几分钟后却忽然转变成狂风暴雨，有时还带冰雹风沙。"神树"能活千年，确实是个奇迹。然而，这棵"神树"却于1973年11月遭汽车撞击后枯萎了。全国为之悲哀，尼日尔为此还发表了新闻公报，并在国家博物馆为"神树"建馆盖亭，以作永久纪念。

经历千年干旱风霜摧残仍然屹立不倒的"神树"，却在一次交通意外中丧生，颇难令人信服。其后深入研究才发现，自从"神树""成名"以后，路经的车队和骆驼队都会自发地维护"神树"：修剪残枝败叶，在它根部堆上泥土，并拿出珍贵的饮用水为它灌溉，最后还竖立屏障遮挡风沙和冰雹。研究人员总结："1800年来，那棵树已经习惯了恶劣的生长环境。由于人们善意的爱护，那树不必再与环境抗争，结果反而丧命。它不是死于风沙、干旱、高温、严寒、冰雹的摧残，而是死于人们的精心护理。"

● 相关链接

树木之最

最大的树

公认的世界上最大的树是一株被称为"谢尔曼将军树"的巨杉。它生长在美国加利福尼亚的红杉国家公园中。据估计这株"树木之王"在地球上已生活了3500年。尽管它的身高只有83米多，比世界上最高的树矮了不少，但却异常粗大。实测表明，它的胸径达11米，高30米处的树干直径仍有6米左右，在高40米处，从主干上分出的树枝直径达2米，比许多高大树木的主干还粗。据比较精确的估计，这株树的重量有2800吨，抵得上450多头最大的陆生动物——非洲象。当今世界上最大的动物蓝鲸，也要15只加起来才能达到它的重量。所以，"谢尔曼将军树"不但是世界上最大的树，也是目前地球上最老的活生物，所以有"世界爷"之称。

最粗的树

在地中海西西里岛的埃特纳火山的山坡上生长着一棵栗子树。它的树干直径达17.5米，周长有55米，比北美最大的世界爷（直径11米）还长，这种树叫"百骑大栗树"或"百马树"，它不仅是世界上最粗的树木，也是最粗的植物。

关于树名的来历有一个传说。相传，古代阿拉伯国王和王后亚妮有一天带领百骑人马到埃特纳火山游玩，忽然天降大雨，百骑人马连忙跑到这棵大栗树下避雨。巨大浓密的树冠如天然华盖，给百骑人马遮住了大雨。因此，王后高兴地称它为"百骑大栗树"。

百骑大栗树的树干下部有一个大洞，采栗人常把它当做临时宿舍，有时也把它当做堆放栗子的仓库。

食肉植物

一般的食物链中，植物总是动物的食物，但有些植物也能吃掉动物，比如猪笼草、茅膏菜和生活在水中的狸藻，甚至一些蘑菇，都能吸引小虫，然后分泌黏液和消化液，将它们粘住吃掉。这是早被科学家证实的。不过人们总是要问，既然有能吃掉小虫子的植物存在，那有没有能吃掉大型动物甚至人类的植物呢？究竟是真是假，在没有确切的标本作为证据之前，谁也无法说清。

在非洲马达加斯加人迹罕至的热带雨林里，生长着一种神奇的"恶魔之树"，它有着黑色的树干，长而宽大的叶子，叶子边缘是如刀片一样的锯齿形状。黄昏来临时，当地土著人围着"恶魔之树"做一种神秘的仪式。突然随着人的吆喝声，一名全身裸露的妇女爬上"恶魔之树"的树干。当那名妇女被迫接触到那如海带一样的叶子时，恐怖的事情发生了，只见那些树叶突然狂舞起来，像章鱼的触须一样伸过来，将那名可怜的妇女紧紧缠住，随着叶子越来越多，越缠越紧，慢慢地，她的叫声衰弱下去，接着她的头部和身躯不见了……

这段恐怖的文字到底是事实还是探险家的杜撰呢？

在马达加斯加的热带雨林里，有一种被当地人称之为"章鱼树"的奇异树种。在它的树枝上长满了果实荚，果实荚里都是一些带刺的果实；它的枝条也极富弹性，具有很强的张力，当有奔跑的动物触动枝条时，枝条就会弹过来紧紧缠绕在动物身上，与此同时，上面成熟的果实荚就会爆裂，那些带刺的果实则会如弹片一样深深地刺入动物的皮肤。动物越是挣扎就被缠得越紧，有一些动物因此丧命。其实，这只是"章鱼树"传播自己果实的一种方式。

在一个名叫阿南拉维部落居住的村庄，的确生长着一棵"恶魔之树"，它不仅能杀人，而且能远距离杀人。

现实中的"恶魔之树"远没有传说中的那么可怕。它长着浓密的绿色树冠，远远看去十分安静。它会散发一种特别醉人的气味，这种气味实际上是一种能致人死命的毒气，当动物或人接近它时，这种气味轻者能将动物或人熏倒，重者则会使他（它）们丧命。

这棵树在当地土语中叫"库马加"，以前也有一些大的哺乳动物死在它的毒气之下，不过，大多数动物都能依靠本能避开它。"库马加"的确能够杀死人，但却并不会吃人。一些外来的人偶然看到被"库马加"树毒死后留下的那些动物骨骼，以为是这棵树在食肉后又将骨头吐了出来，一些旅行家还把"章鱼树"的一些特征"嫁接"到"库马加"树上，因此就有了那些可怕的关于"食人树"的传说。

● 相关链接

食人毛毡苔

越战期间，美国陆军74团少校帕克·诺依曼奉命率团执行任务，来到越南的保安县境内的腾娄森林中。在那里，他们发现一块很大的平坦地带，上面只有一片十分美丽的紫色草苔，如同铺着豪华的地毯。诺依曼少校下令就地休息，而麦克·西弗等3名士兵则奉命去寻找干柴、水源。等他们返回时却惊异地发现少校等25名官兵消失得无影无踪，那紫色的草毯上只剩下一些枪械刀刃。原来，他们都被这片美丽的毛毡苔吞食了。20世纪90年代几位生物学家在腾娄森林进行考察，证实了麦克讲述的一切。他们捉住了一只野兔，放在那种毛毡苔上面，转瞬间野兔就被其消化了。毛毡苔是亚洲、非洲和北美洲的一种常见植物，多年生草本植物，叶片近圆形，生满红紫色腺毛，分泌黏液，能捕食小虫，是著名的食虫植物。但是毛毡苔居然能一次吞掉25名官兵，实属一桩奇闻。

致幻植物

什么叫"致幻植物"呢？简单地说，就是指那些食后能使人或动物产生幻觉的植物。具体地讲，就是指有些植物，因它的体内含有某种有毒成分，如裸头草碱、四氢大麻醇等，当人或动物吃下这类植物后，可导致神经或血液中毒。中毒后的表现多种多样：有的精神错乱；有的情绪变化无常；有的头脑中出现种种幻觉，常常把真的当成假的，把梦幻当成真实，从而做出许许多多不正常的事情来。

据说，墨西哥的魔术师有一套非凡的戏法，他能将人们的灵魂引导进入"天国"，进行一次令人神往的遨游。他给受试者吃一小包"神药"后，一会儿眼前便出现各种离奇的景象：变幻莫测的湖光山色，色彩斑斓的建筑物，光怪陆离的奇珠异宝，不可名状的飞禽走兽……

长期以来人们无法知道墨西哥魔术师所用药粉的奥秘，直到19世纪末，植物学家通过不断研究和探索，才揭开了这个谜。原来，魔术师的神奇药粉是用当地生长的一种伞蕈科的蘑菇制成的，它的名字叫墨西哥裸盖菇。经化学家分析，使人产生幻觉的成分是"裸盖菇素"和"裸盖菇生"两种生物碱。

其实，早在3 000多年前，生活在南美洲丛林里的印第安人就发现了这蘑菇的神奇作用，并对它产生了崇拜的心理，称它为"神之肉"。每当举行宗教盛典时，便将这种蘑菇浸泡在酒里，给参与祭祀活动的人饮用，以共享遨游"天国"的乐趣。

印度有一种菌盖非常艳丽叫做毒蝇伞的蘑菇，它含有致幻成分毒蝇碱，也可制成魔术药剂。人们服用后，瞳孔放大，心跳缓慢，浑身发抖，出汗，15分钟后便进入幻境。有的人表现出极度愉快，狂歌乱舞；有的人表现出抑郁烦躁，哭笑无常；有的人甚至行凶杀人或自杀，不能自我控制。并且所看到的东西都被放得很大，普通人在他的眼里却变成了顶天立地的巨人，使之产生惊骇恐惧的心理，有的被激怒发狂，直到极度疲倦，才昏然入睡。有趣的是，据有人试验，让猫吃了这种蘑菇，也会因慑于老鼠身躯的巨大，而不敢捕捉。因此，在医学上将这种症状称之为"视物显大症"。

华丽牛肝菌和我国云南山区生长的小美牛肝菌却具有与毒蝇伞相反的作用，人食用后可产生"视物显小幻觉症"。当人们进入幻觉状态后，便会看到四周有一些高度不足一尺的小人，他们穿红着绿，举刀弄枪，上蹿下跳，时而从四面八方蜂拥而来，向患者围攻，时而又飘然而去，逃得无影无踪。吃饭时，这些小人争吃抢喝；走路时，有的小人抱住腿脚、有的小人爬到头顶，使患者陷于极度恐惧之中。

在我国北方粪堆上生长有一种名叫狗屎苔的伞菌，人们误食后，会手舞足蹈，狂笑不止，故称之为"舞菌"或"笑菌"。这种菌在我国古代书籍中就有记载，《清异录》中说："菌有一种，食之人干笑者，士人戏呼为'笑手矣'。"在日本的古书中，还记载着一个有关"舞菌"的故事：有几个迷了路的樵夫，看到一群尼姑不停地跳舞，姿态十分好笑，忽然又见到路旁有些煮熟的蘑菇，因各个饥肠辘辘，便美美饱食了一顿，结果他们也不由自主地加入乱舞的行列，几个小时后才清醒过来。

有一种称作墨西哥裸头草的蘑菇，体内含有裸头草碱，人误食后肌肉松弛无力，瞳孔放大，不久就发生情绪紊乱，对周围环境产生隔离的感觉，似乎进入了梦境。但从外表看起来仍像清醒的样子，因此所作所为常常使人感到莫名其妙。

褐鳞灰生的致幻作用则是另外一种情形。服用者面前会出现种种畸形怪人：或者身体修长，或者面目狰狞可怕。很快，服用者就会神志不清、昏睡不醒。大孢斑褶生的服用者会丧失时间观念，面前出现五彩幻觉，时而感到四周绿雾弥漫，令人天旋地转；时而觉得身陷火海，奇光闪耀。

除了真菌植物以外，巴西有一种豆科植物，它含有蟾蜍色胺，也具有致幻作用。当地人常把它碾碎后做鼻烟，闻后不久便会失去知觉，当知觉恢复后，感到四肢发软无力，所看到的东西和景物都是倒立的，并产生种种荒唐而离奇的幻觉。

南美洲北部有一种金尾科植物，含有哈尔朋或类似的有毒成分，巫师们用它制成迷信占卜用的"神药"，当地居民常用它来制作麻醉剂饮料。人们食后，能产生愉快的感觉或出现知觉障碍，皮肤不敏感。在幻觉中觉得周围景物在做波浪式运动，闭目遐想，眼前会出现各种漂浮不定的神奇景象，本人却对此深信不疑。

大麻也有很强的致幻作用。大麻是一种有用的纤维植物，但是在它体内含有四氢大麻醇，这是一种毒素，吃多了能使人血压升高、全身震颤，逐渐进入梦幻状态。再比如，在南京中山植物园温室中有一种仙人掌植物，称为乌羽飞，它的体内含有一种生物碱——"墨斯卡灵"，人吃后1—2小时便会进入梦幻状态。通常表现为又哭又笑、喜怒无常。这种植物的原产地在南美洲。由于致幻植物引起的症状和某些精神病患者的症状颇为相似，药物学家因此获得新的启示：如果利用致幻植物提取物给实验动物人为地造成某种症状，从而为研究精神病的病理、病因以及探索新的治疗方法提供有效的数据，那将是莫大的收获。

神奇的鱼

有一天夜晚，在南印度洋上捕鱼的几个渔民，突然发现平静的海面上火光闪闪，但又没有发现任何船只，他们诧异地将小船向火光处驶去。不料。到了那里，一束束绿色的火焰喷向渔船，小船瞬间便处于密集的喷火包围之中，只得赶快调转船头，迅速驶离火海。原来，这是一种性嗜群游的喷火鱼，它们平时能从食物中摄取含磷的有机物。并不断在体内积存起来，一旦遇到敌害或船只，数以百计的喷火鱼就会同时喷出这种含磷物质，由于这种物质中的白磷或磷化氢在空气中能自燃，因而形成一束较长的绿色的火焰。

由此，我们会联想到人们常说的"鬼火"。其实，我们人体内含有大量的磷，据测定，每个人体内大约含磷1千克，在人或动物尸体腐烂分解时，这些磷就会生成一种磷化氢气体，这种气体遇到空气就会自燃，这就是"鬼火"的由来。

那么，海洋里的磷质来自何方呢？原来，由于大陆岩石风化后，产生了许多磷酸盐溶液，它经河流搬运入海。此外，海底火山喷发也会"吐"出大量的磷，它们被海洋浮游生物所吸收，这些生物死后，沉入海洋深处，同时不断分解生成磷酸盐，当磷酸盐被上升的海洋流带入浅海地区时，由于水温升高、压力降低，磷酸盐的溶解度便降低，于是它就在海底沉淀下来，形成一种叫磷块岩的矿石，这些矿石为喷火鱼提供了丰富的磷资源。

与喷火鱼类似，在南美洲海域，有一种月亮鱼。这种鱼每条约重500克，其肉肥厚丰满。它的身体几乎呈圆形，鱼体的一边体色银亮，并能放射出灿烂的珍珠光彩，故称月亮鱼。在红海两岸和印度尼西亚东海岸，生活着一种闪光鱼。这种鱼只有几厘米长，其两眼下有一粒发出青光的肉粒，它白天待在礁洞深海处，晚上就头戴探照灯，沿着海岸觅食嬉戏。它们头上的闪光灯平均每分钟可闪光75次。遇到同类时闪光频率会发生变化，受到追逐时，也有特定的闪动频率，用以迷惑对方。

如果一条鱼拥有两个头或者四只眼，那就堪称奇鱼了。前者生长在新几内亚和澳大利亚之间的托雷斯海峡，其头部布满道道黑条，眼睛不易见，而尾部却有类似眼睛的斑点。从远处看头部则像其他鱼类的尾巴，而尾巴则像其他鱼类的头部，故称双头鱼。后者生长在墨西哥三角洲的浅滩上，它体长15厘米到20厘米。两只眼睛却很奇特，每只由上皮组织分隔成两半，角膜和网膜也分成两半。上半部眼睛突出于头上，视空中之物；下半部眼睛视水中之物，故称四眼鱼。

临近地中海的阿尔及利亚渔村姑娘，几乎每人都有一面用以梳妆打扮的镜子。这种镜子有一个花纹精细的弯柄，背面有一组图案，镜面晶莹闪光，能清晰地映现出人的脸影。但当你仔细观察时，会发现这并不是一面普通的镜子，而是一条硬硬的鱼干。弯柄是鱼尾，背面的图案是鱼鳞，而闪闪发光的镜面却是鱼肚。镜子鱼的肉非常鲜嫩，不过，鲜鱼你是吃不到的，因为当你把鲜鱼放在锅里煮时，它立即化成了鱼汤。只有把它腌制成咸鱼，才能使鱼肉凝固起来，成为美味佳肴。

在我国南海有一种怪鱼，名叫甲香鱼。它的头朝上，尾向下，挺着肚子，游起来就像人走路那样。这种鱼长4—6厘米，肉很少，全身披着硬甲，不能食用，经济价值很低。但由于它体薄而透明，形态很美，将它晒干可作书签用，人称书签鱼。

在南太平洋，有一种名叫星鱼的吃岛鱼。这种犹如大圆盘，游动时像一只旋转的盘子似的鱼，直径达1米左右，身体周围长着16条取食用的爪子。它们喜欢吃珊瑚和珊瑚礁石，一条星鱼一昼夜就能吃掉2平方米的珊瑚礁。在我国南起闽粤，北到山东等地的沿海滩涂，生长着一种跳鱼。这种鱼灵活善跳，有一半时间栖息在水里，一半时间生活在滩涂上，因而成为罕见的水陆两栖鱼。此鱼体长不超过 10 厘米，其肉不仅鲜美细嫩，而且营养价值较高，富含蛋白质和脂肪，是一种不可多得的海味。

在地中海，有一种会笑的鲸鱼。这种鱼在游动时，会边游边笑边歌唱。它的笑声悦耳，歌声动听，颇能吸引游客。在地中海深处生活着一种会钓鱼的鱼，其头部有一长长的杆状突出物，犹如一精美的钓具。奇妙的是，在漆黑的海底，钓具的顶端能发出一闪一闪的亮光，引诱贪食的小鱼自投罗网。生活在地中海沿岸的一种热带鱼，能够预报天气情况。当地居民将这种鱼养在鱼缸中来观测天气：鱼若沿缸壁漫游，天气不是多云，便是阴天；鱼若浮在水上急躁不安，就肯定要下雨；鱼若静躺缸底不动，那么一定是个大晴天。

人们知道，鱼通常都是用口呼吸的，而堪察加半岛周围海域生活着一种鱼，是世界上唯一用鼻子呼吸的鱼。它身上长满超感觉细胞，遇敌即分泌一种高强度粘液，把周围海水粘成半透明一团，改变其体形，逃之夭夭。最为有趣的要数生活在水中却不会游水的鱼了，这种名叫洞鳗的鱼生长在印度洋的马尔代夫群岛水域，它们生活在沙窝里，一条洞鳗安居一个洞穴，一般穴深 30 厘米到 50 厘米。洞鳗的觅食方式是从洞中探出半个身体，张开大口，吞食随水浮动的浮游生物或小动物。

奇　泉

冷泉　广西水文队在桂北光安县的海洋山脚下发现了冷泉，其地面水温一年四季大多保持在 9℃。夏天，附近村民常把蔬菜、水果等放到泉水中"冷冻"。广西已发现温泉 37 处，水温多在 30℃—60℃，但发现冷泉还是首次。

鱼泉　河北省涞水县境内的野三坡风景区，有一远近闻名的鱼泉，当谷雨时节，随泉水不断向外流鱼，被称为一大怪泉。鱼泉流出的洞口不足 0.33 米。过去，每当谷雨来临，附近群众便用筐在洞口接鱼，每天能接 200—300 公斤。流出的鱼大小均匀，品种单一，重量都在 0.5 公斤左右，有一年竟出鱼10 000余公斤。近年来，附近的河水断流，但鱼泉却始终如一。

虾泉　广西平果县以西有一座位于右江北岸的大山叫虾山，山脚下有个虾泉。春夏间，每当夜临，大虾从右江慢慢向虾泉爬去。到亥时，密密层层的虾群聚集江水和泉水的汇合处。无数虾眼像万粒小珍珠，闪着光。到了接近虾泉的地方，一群群虾逆水向虾泉涌去。爬上泉水落坡处后，便进入泉水深处，一去不还。夜间，人在泉口安装虾笼，便可获得很多肥虾。农历三四月间，是虾最多的季节，一夜间，两三人可笼捕至上百斤。

香水泉　河南省睢县城南有条地下流泉，带有槐花香味，春香绵长，人称为槐花水。

毒气泉　在云南腾冲县城外45公里处，泉井无水，却可见到硫磷结晶、黄铁矿砂等，并经常发出二氧化碳、二氧化硫和氢等气体。

含羞泉　四川广元县有处含羞泉，你如果往河床砸一块石头，产生声响震动，顿时，泉水俨如一位害羞的姑娘遇到了生人，掉头就躲藏起来。静静地待一会儿，泉水又由细变粗渐渐地流了出来。如再震动，便又倒流回去，屡试不爽。因而此泉被称为含羞泉。

水火泉　在台湾南部的关子岭温泉，是最著名的水火泉。俗话说"水火不相容"，这里却是水火同泉，在水面上点燃一根火柴，就会着火燃烧。原来，泉水中不断有天然气从地里冒出来。

桃花泉　在浙江余姚县龙蜕洞西，有一奇泉。每到春天，常有桃花片漂出。有人写诗描述此泉："洞里有春藏不住，春风春雨泛桃花。"

蝴蝶泉　位于云南大理苍山弄峰下，每年春夏季节，一群群颜色不同的蝴蝶首尾相衔，串串垂挂在蝴蝶树上，倒映在泉水碧波之中。

"牛奶"泉　在广西的平西山，有一口奇特的乳泉。它平时水质明净，是不可多得的天然优质软水。有时却见一股股白色的"乳汁"，不断地从井底和井壁上喷涌而出，无数个乳白色的小水泡，像千万颗珍珠，迅速从井底冲出水面。一口明净如镜的古井，霎时变成一锅煮沸了的"牛奶"。原来，这些白色的"乳汁"是氢气泡。这种现象一般隔六七年总会出现一次。

天然酒泉　江西永丰县富溪乡白水村农民，最近在村西九峰山脚下的岩缝发现一股喷泉，泉眼直径30厘米。喷出来的水透明、清澈、冰凉，而且有酒味。刚喝时，具有鲜啤酒那种酸、辣、苦、甜的味道。

治病的温泉　最近，贵州省的开阳县城关区顶照乡翁洞村发现一处罕见的温泉。在顶照乡翁洞村的一个深山狭谷之中，一股碗口粗细的温泉从岩缝中喷出。泉水温度在60℃左右。经有关专家鉴定，"翁洞温泉"含多种化学元素，能治70多种疾病。经临床试验，"翁洞温泉"对治疗干疮及各种皮肤病，疗效显著，是我国罕见的治病温泉。

闻声即流的泉　湖南省慈利县伏龙山腰，有口奇怪的山泉。每到雨季，尽管四周山水如注，这泉却滴水不出；每到雷声轰鸣，清澈的泉水便哗哗外流，雷声一息，又滴水不漏。夏季伏龙山上干旱的时候，方圆数里河干地裂，而这口山泉附近却凉风习习。只要有人在洞口叫喊，便有清澈的泉水奔涌而出。1996年盛夏的一天，有几个人在泉边小憩，无意中爽朗地大笑起来，突然间泉水溢流，弄湿了人们的皮鞋。曾经有人试图从叫泉开挖一条"长流水"以灌溉山坳农田，但是，那山泉仍然不叫喊不流。工程进行了10来天，终于不得不扫兴停工。

遇烟即沸的泉　海南岛万宁县北大黎族苗族乡木棠树村附近，发现一处一有烟雾就"沸腾"的温泉。该温泉有泉眼数10个，主泉在一条山沟里，其余附泉分布在东、南、西三面的山腰上，泉水汇流到附近的龙尾河。该河长约30米的河面上，早晨、黄昏和阴天被水蒸气弥漫，如果受躁音影响，特别是当点燃的香或其他烟火，在任何一个泉眼上空连续盘转几分钟，附近的所有泉眼都会冒出连珠般的汽泡，并发出"喷、喷"的微音，水温从50℃提高到75℃以上。

奇特的冰山"沸泉"　1923年，科学家在南极地带南部边陲最寒冷的威德尔海发现一种神秘莫测、变幻奇特的现象：冰山与冰隙之间有一"沸泉"，那里海水欢腾，沸沸扬扬，一片喧哗。被风浪推入"沸泉"的巨大冰块片刻便消融殆尽。来自大海150米深处的庞大水柱高达数10米，就像巨大江河的一条支流，直冲霄汉，蔚为壮观。科学家根据宇宙飞船上所拍摄的照片计算，这一超级"沸泉"的面积在10万平方公里以上。他们还对南极冷山"沸泉"的形成与起因作了各种推测与假说，但至今仍无令人信服的科学定论。

高温条件下生活的生物

1936年，法国旅行家安让·里甫在千岛群岛的伊图鲁普岛的一条小河边，发现一些肚皮朝天的"死鱼"，他很欢喜，心想这下就用不着去捕捞了。他把鱼放到锅里煮汤，当水烧到50℃左右时，"死鱼"竟在热水里游来游去，十分活跃。里甫很惊奇，解剖后发现这种鱼的皮很厚，当地人叫它们"不怕烫的鱼"。

希腊维库加的沸泉，水温高达90℃以上，里面却生活着一种水老鼠，它们活得十分自在，毫无不适之感，若把它们放在常温的水中，它们反而会被"冻死"。1984年，意大利学者在伯里群岛中的武尔卡诺岛附近水深2—10米、水温高达103℃的海底发现了一种新细菌的存在。

生命不但在常压高温中出现，而且在高压高温中也有发现。这是超越常识的现象，却又是不容置辩的事实。

1977年，法国科学家乘坐"阿尔文"号深潜艇，在太平洋的加拉帕戈斯群岛海域，下潜至3000米深处。在深水探照灯的光柱下，科学们惊呆了：在水温高达250℃的热泉口发现5个生物群落！水温250℃，大气压强300个，这可是生命的绝对禁区，难怪科学家也要目瞪口呆了。有位科学家惊奇地写道："我进入活火山口地区的第一个反应，就像孩子进了迪斯尼乐园。我简直不敢相信我所看到的景象——奇怪的粉红色的鱼、紫色的章鱼、一群白色的螃蟹、成千上万棕色的贻贝和巨大的白蛤，在火山口，一大片的蠕虫在一根根高达4米的竖管顶端，摆弄着松软的鲜红色羽毛状的东西，真像是在另一个星球上发现了生命。"

1979年4月，科学家又来到加利福尼亚湾以外的海底，到了水下2 500米的深处。这里水温高达350℃以上，足以使铅熔化，却仍生长着成千上万的红色大蛤、管状蠕虫、白色螃蟹。而在红海北部海底，有些地方水温高达400℃，也还有这些生物的踪影。

我们通常认为，生物在80℃以上的环境中，组成生物骨架的蛋白质就要发生性变，分子结构就要解体，生物也就土崩瓦解了。而高压更会加快分解的速度，使生物灭绝得更快。然而上述那些奇怪的生物，它们确实在这种高温高压、没有光照的环境中，自由自在地生活着。这仿佛是在嘲笑人类对生命存在状态认识的肤浅。

这些生物为什么能耐高温呢？至今纷说不一。有的科学家认为它们的机体构造和生理特性与普通生物并无两样，之所以能耐高温，是因为它们机体内有特殊的抗热因子或有耐热的酶。也有人认为，它们机体内的蛋白质合成系统和细胞结构有微妙变化，因此，在高温高压下能保持正常结构。

当然，真正原因还有待于探索，不过高温高压下能保持生命力却是无可辩驳的事实。

动物世界的"超人"们

超人的本领是虚构的，但真实的动物世界中却有比"超人"更强的选手。

游隼被美国《国家地理》杂志称为飞行在天空中的天然子弹。游隼是一种猎鸟，体长约33厘米到48厘米。当它在天空中飞行时，巡航速度可达到每小时80公里。而当它看到水中的鱼或岸上的鸟类后，像闪电一样俯冲下来时，俯冲速度可达每小时322公里。它瞬间收起翅膀、探出锋利的双爪捕杀猎物，最后再斜展双翼飞向远方，整个过程用不上几秒。

相对于天上的游隼，陆地上的豹子也毫不逊色。印度豹是陆地上奔跑最快的动物。美国科学家曾实地用秒表测算了印度豹的速度，结果在183米的冲刺过程中，印度豹跑出了每小时113公里的速度。这一速度使印度豹成功追赶上急速奔跑的猎物，在食物越来越少的野地中生存下来。

在水中，一种名叫旗鱼的鱼类可谓名副其实的"水中子弹"。旗鱼一般长2—4米，呈优美的流线型。美国史密森学会国家动物园的研究人员发现，旗鱼游行的速度能达到每小时109公里，是水中速度最快的动物。旗鱼借此捕捉小鱼或鱿鱼，躲避鲨鱼的攻击。

速度自然是一项引以为豪的资本，而耐力对动物来说也很重要。北极燕鸥堪称动物界的"忍者之王"。世界野生动物基金会的数据显示，这种体重只有300克的小鸟一年能在南北极之间往返飞行3.5万公里，因为只有这样，它们才能分别享受到两极地区的夏季美食。

就举重能力和牵引力来说，非洲象可谓动物世界的"火车头"。非洲象那上百块肌肉组成的鼻子一次能卷起270公斤的重物，并举到空中。

不过就自身重量和所举物体之比而言，大象的举重能力还称不上第一。史密森学会国家动物园的研究人员发现，独角仙尽管只有20克重，但它却能举起相当于自身重量850倍的物体，也就是17公斤重的东西。相比之下，大象只能举起自身重量1/4的物体。科学家认为，独角仙之所以进化出这么强势的举重能力，是为了在树木丛生的热带环境中犁耕出一个适合自己生存的居住地。

不仅有"速度超人"、"举重超人"，动物世界中还有"弹跳超人"。科学家发现，一种叫吹沫虫（又名沫蝉）的小小昆虫，身长只有6毫米，但是它却能跳到相当于自身长度115倍的高度，即相当于人类跳到百层高楼楼顶。

然而一山更比一山高，跳蚤的弹跳力更是有过之而无不及。它一次起跳就能跳出18厘米高、33厘米远，相当于人类跳远跳到137米的距离。

蝾螈是自然界当之无愧的"再生超人"。如果将蝾螈的一条腿砍下来，24小时内，一层干细胞就会在受损处长出。而在3个月后，蝾螈的一条新腿就会在原处长出来，且能恢复原来的功能。对于人类来说，无论采取什么措施也不会恢复到这种程度。但蝾螈为何如此特殊呢？科学家发现，蝾螈的成年细胞能恢复到干细胞状态，这种状态通常只能在胚胎内出现。在这些细胞内，特殊的基因会被激活。我们虽仍然无法具有像蝾螈一样的再生能力，但一些研究人员认为有可能让人类再生出某些器官。

美国大西洋海岸有一种极不寻常的生物——亮绿色呈凝胶叶状的海蜗牛，能像植物一样进行光合作用以获取能量。这种海蜗牛在生命初期以海藻为食，但却并不完全消化海藻，而是将其中的绿色素吸收进自己的细胞。一旦它们进食海藻变绿后，就可以仅靠水和自身体内的绿色素通过光合作用制造的能量生存，在没有任何食物的情况下生存数月之久。

●相关链接

动物"超能力"启示录

2008年6月30日，帕特里克·穆希姆没有借助任何呼吸装置就在红海水下潜行了209米，打破了一项世界纪录。然而，威德尔海豹会让人类对这一纪录感到惭愧，因为这种海豹能一边捕食，一边在水下潜行600米。

研究者发现，在潜水过程中，威德尔海豹将其大部分血液循环转移到中枢神经系统和大脑，令人吃惊的是，尽管缺乏血液，海豹的肌肉细胞仍安然无恙。这是因为肌肉细胞含有高水平的肌红蛋白，肌红蛋白是血红蛋白的"亲戚"，而血红蛋白则可以令它们仅仅依靠所储存的氧气过活。

加州大学塞米尔神经科学研究所的杰瑞·希格尔，目前正在对海豚和杀人鲸的大脑神经进行研究。这些动物有时能连续几周不睡觉，它们这种能力表明人类"也可能具备长时间不合眼的生理潜力"。

也许你的视力是最好的，但你仍看不到动物不费力就能看到的东西。鹰可以看清远方的猎物，而有些动物的视力甚至更强。提高人类视力最轻松的一种方式就是，扩大我们所能看到的光频率的范围。视网膜的光感受器细胞携带一种称为"视蛋白"的对光敏感的蛋白质。你所能做的就是将一种基因引入光感受器细胞，从而将视蛋白调节为一种你希望察觉的波长。鹰之所以能看到远距离的猎物，是因为它们圆锥细胞光感受器紧紧堆积在视网膜上。

千奇百态的眼睛

过去我们认为动物看到的世界和人类看到的一样生动、活泼，现在却发现，与人的眼睛相比，很多动物的眼睛非常特殊，不同种类的动物所看到的世界不尽相同。每一种动物都有自己独特的处理视觉信息的方式。

以我们最熟悉的猫为例：相对于身体，猫有哺乳动物中最大的眼睛。猫眼非常灵敏，很容易察觉周围的异动。猫眼还有超级强大的夜视能力，瞳孔在昏暗中可扩大至眼球表面的90%，一点微弱的光亮就足够它们觅取猎物。

猫的瞳孔很大，瞳孔的收缩能力也特别强，能很好地适应不同光线的照射。在白天强烈的阳光下，猫的瞳孔可以缩成一条线；在夜里又可以像满月那样圆；在早晨和傍晚的中等强度光线下，它的瞳孔又会变成枣核的形状。

蝴蝶、青蛙、某些鱼和昆虫的眼睛是不会动的。青蛙有一双凸起的大眼睛，对运动的物体能明察秋毫，但物体一旦静止，它就"目中无物"。蛙眼有4种感觉细胞，分别负责辨认事物。青蛙看东西，先显示出4种不同的感光底片，接着让4张图像重叠在一起，得到透明的立体感图像。一旦有苍蝇之类的小昆虫从眼前飞过，立刻就会被青蛙识别，并吐出舌头攫住食物。

澳大利亚有一种鸟，上眼皮长有许多约2厘米长的刺，而且还很硬。当它睁开眼睛时，刺就隐藏起来，从外面看不见；当它闭上眼睛时，刺就显露出来。和敌人格斗时，这种鸟会看准方向，闭起眼睛向对方刺去。

圆蜘蛛有12只眼睛，胸前长着8只，两侧各长2只。它不仅可以横行直走，而且能眼观八方，几乎同时可以看到360度的空间。

鸬鹚等一些鸟类既要在飞行中远望，又须在水中捕鱼时看清近距离的景物。它们可以在极大的范围内调整晶状体的曲率。因此，它们既能在稠密的水草中搜寻小鱼，又能发现在高空中盘旋的猛禽，提防它们随时都有可能发动的突袭。

螃蟹有一对独特的敏锐复眼，眼球能转180度。有趣的是，它的眼珠上面连着一根眼柄，能伸能缩，控制自如。如果弄坏了一只眼球，它又能长出一只新眼球来，这在动物界是罕见的。而如果把它的眼柄切断，它则能在眼窝里长出一只很有用的触角，以弥补缺眼的不足。

东南亚有一种河豚鱼，眼睛在黑暗中完全透明，但随着光线的增强它会逐渐变黄，就像戴着一副天然变色镜。原来，在这种鱼的眼睛角膜边缘有一种黄色素细胞，能使视网膜上的视像清晰，光线变暗后，黄色素褪去，角膜就透明了。

在美国西部和墨西哥的半沙漠地带有一种角蜥蜴，它平时不主动攻击敌人，但在受惊时，会从眼睛里喷出血来，高达1米多。这是因为角蜥蜴在受惊和发怒时，眼内血压急剧上升，从而冲破眼球的毛细血管，射向敌人。

老鹰的眼睛视野十分开阔，它既是远视眼又是近视眼，观察物体的敏锐程度在鸟类中名列前茅，老鹰的眼部有两个中央凹面，视锥细胞的密度大约是人眼的六七倍，所以鹰的视力比人灵敏得多。老鹰在2 000多米的高空俯视地面时，能从许许多多移动的景物中发现小动物，并能不断调节视距和焦点，以看清更多的细节，帮助它准确无误地捕获猎物。

还有一种四眼鱼，生活在接近水面的地方。它的眼睛分成上、下两半，中间有一层膜隔开。它的眼睛上半部分看水面以上的东西，下半部分看水中的东西。所以，四眼鱼能同时看到天上的鸟和水中的鱼。

响尾蛇除了长有两只可以看见光的眼睛外，还有两只感觉红外线的"热眼"，这两只"热眼"能够探测出温度差异，并根据这种差异形成图像。因此，温血动物如果在它的探测距离之内，响尾蛇就会感到"热"，并且"忍无可忍"地摇动尾巴发出警告。

奇特的秘书鸟

在非洲，有一种样子独特的鸟：它体高近1米，羽毛大部分为白色，嘴似鹰，腿似鹭，中间两根尾羽极长，达60多厘米，如同两条白色飘带。因为它们头上长着几根羽笔一样的灰黑色冠羽，很像中世纪时帽子上插着羽笔的书记员，所以得名秘书鸟，它的科学名字叫蛇鹫。

有关秘书鸟的身世众说纷纭。因为它们的嘴像鹰，所以有人认为，秘书鸟跟鹰鹫类相似并有亲缘关系。但经过研究发现，秘书鸟除了嘴和爪以外，很难再找到跟鹰鹫类相似的地方。倒是在某些结构上，秘书鸟更像南美的红鹤，因此，秘书鸟可能和红鹤是远亲。时至今日，秘书鸟的归属问题仍未圆满解决，所以我们暂不多论。

　　初看秘书鸟，你会觉得它像鹭类，因为它们腿很长，取食方法也跟鹭相似。它们成对或成小群在草原上游荡，以地面小动物为食。有些鸟类学家曾同秘书鸟做过这样的"游戏"：他们骑在马上向秘书鸟飞奔，这时秘书鸟便放开大步急奔逃跑，它们的奔跑速度之快为奔马所不及。但秘书鸟在同奔马赛跑时，体力稍有不济，很快就会疲劳。可是，奔马冲来时它们为什么不飞，难道它们不会飞吗？不，秘书鸟会飞，而且飞得很快。只不过它们好像不愿飞行，被奔马追赶时，它们宁愿在地上快跑。鸟类学家对此大感不解，因为它们的确飞得不错呀！飞行时，它们颈向前伸直，长腿向后并拢，长长的两根尾羽飘带般地飞舞，如同仙女飞天一样。时至今日，鸟类学家仍在对秘书鸟"不愿飞"作细致的研究，但收获甚少。秘书鸟的另一惊人之处在于它们擅长捕蛇。许多年以前，一位鸟类学家曾报道：一只秘书鸟捕食了一条长达6米的蛇。这引起了轰动，于是，很多人开始细心观察秘书鸟的捕食。但是，人们发现它们最常吃的是小鼠、蟋蟀和昆虫，甚至有人看见它们捕食龟，就是没人看到过它们捕蛇。于是，人们开始怀疑，秘书鸟是否真能捕食蛇。20世纪50年代，自然学家冯·索奠伦博士报道了他的惊人发现，又一次证实了秘书鸟能捕蛇。

　　一天，博士正在观察秘书鸟采食。突然，一条1.2米长的眼镜蛇爬向秘书鸟。秘书鸟发现蛇后，开始飘忽不定地移动脚步，同时频频扇动双翅，像一个步法灵活的拳击手在迷惑对手。在跳动一段时间后，秘书鸟突然用爪抓住蛇，同时用嘴飞快地咬住了毒蛇头后的要害部位。蛇翻卷挣扎，而秘书鸟频频扇动双翅对抗蛇的扭动。最终，秘书鸟大获全胜，一条毒蛇葬身鸟腹。在索奠伦博士的《同鸟类在一起的日子》一书中，记述了很多秘书鸟捕蛇的情景，这些记述表明，秘书鸟确实能捕蛇为食。有时，蛇太大，不能一举使它毙命。秘书鸟便叼起蛇飞向天空，在高空上松开嘴，让蛇摔到坚硬的地面上一命呜呼。甚至小秘书鸟也精于捕蛇之术，有时它们还以蛇为"玩具"嬉戏。

　　只是秘书鸟遇到蛇的机会较少，因而很少有人看到它们捕蛇。专家们认为，秘书鸟脚表面有很厚的角质鳞片，这是防备毒蛇利齿的最好的铠甲。再者，秘书鸟的腿很长，很难被蛇缠住身体。这些都是秘书鸟捕蛇的有利条件。

秘书鸟的行动也很灵活。一位摄影师曾在东非的一条公路旁偶然发现一只秘书鸟在做"空翻"动作，他拍下了这组珍贵的镜头。这只秘书鸟在作什么"表演"呢？原来，这只落在地上的秘书鸟正把一个草团抛向空中，接着它腾空而起，在空中翻了一个漂亮的筋斗，然后双足落地，挺直身体。起初，这位摄影师以为这是一只雄秘书鸟在向雌秘书鸟炫耀求爱。可是，除了这只秘书鸟外，周围并无其他秘书鸟，并且，鸟类学书籍中也没有记载秘书鸟会用"舞蹈"的形式"求爱"。那么，这只秘书鸟在干什么呢？摄影师百思不得其解。于是，他带着照片请教了当地的鸟类学权威。这些鸟类学家们认为，照片上记录的这只秘书鸟，当时可能是在躲避草团中一条没被抓牢的蛇，而并非在"求爱"。

秘书鸟是"一夫一妻"制，雌雄秘书鸟从配对到死亡很少分开。每年繁殖季节，雌雄鸟交配后便共同在低矮、平顶的树上建巢。它们特别喜欢阿拉伯橡胶树，因为这种树叶小，枝密，树冠平坦，极适于造巢。况且，这种树是稀疏地生长在旷野中，在上面视野十分开阔。秘书鸟的巢很大，直径约1.8米，深0.3米，架在树顶上像一只大平盘。雌鸟产卵2—3枚。秘书鸟产卵时正逢雨季，食物丰富，但雏鸟孵出却是在旱季，食物相对缺乏。起初，鸟类学家对此不可理解，但经过仔细研究发现：在旱季，秘书鸟生活的非洲草原上常发生荒火，荒火过后，那些被烧死、烧伤的动物便成了秘书鸟的口粮，这真是奇妙的适应。小秘书鸟出生后，在巢内大约要停留3个月，这期间，"父母"靠回吐半消化的食糜喂养"子女"。小秘书鸟出生后几个星期就长出了富有特征性的羽笔状冠羽，待它们飞出巢时，全身已披上了同它们父母一样的羽衣，就这样，新一代的秘书鸟又在非洲大草原上开始了它们神秘而奇特的生活。

瓶子草的甜蜜陷阱

　　食虫植物现今总共约有500种。其中最为人们熟知的是猪笼草。那口袋状叶子，很像从前农村竹编的关猪笼子。除此之外，自然界还有不少食虫植物。

　　食虫植物中，有一类名叫瓶子草的，属于瓶子草科瓶子草属，是一种相对体形较大的食虫植物。它的叶子成瓶状直立或侧卧，大多颜色鲜艳，有绚丽的斑点或网纹。

　　在所有食虫植物中，瓶子草所设的陷阱可说是最周密的了。它们的叶子虽有不同的颜色和花纹，但是外形却都像个宽口窄肚的花瓶。这些"花瓶"一个个从地面直伸而出，等待着虫儿自投罗网。

　　瓶子草的叶子在地面丛生，开花时从地面抽出花茎，花茎顶生一朵花，花较大，很有特点。

　　瓶子草的"诱捕器"是由叶子变态而成的，多为瓶子状，还有呈管状和喇叭状的。"诱捕器"的口部和内壁非常光滑，生有蜜腺，能分泌出香甜的蜜汁，吸引昆虫上钩。瓶子等的内壁上还有倒刺，当虫子不慎掉入瓶内想向上爬时，会被倒刺挡住，根本爬不出来。瓶内底部则有消化液，虫子一次次挣扎，也只能一次次掉入液体中落得被淹死的命运。液体中含有消化酶，用以消化虫体。

　　瓶子草"诱捕器"中的消化酶是由内壁的细胞分泌出来的。水分则是根部从土壤中吸收上来的。过去，人们一般认为，瓶子草瓶底的液体来源于积存的雨水。可是，近年来科学家研究后发现，这些液体并不是雨水，而是根系从土壤中吸收来的，即使在干旱之年，瓶底里也照样有汁液。有趣的是，在瓶底的液体中还有细菌生存，这些细菌可以帮助瓶子草分解捕捉到的"猎物"。

　　虽然瓶子草的消化液对多数昆虫来讲是致命的，但也有不怕者。科学家详细观察过瓶子草捕食昆虫的过程，发现在众多的昆虫中，就有一些不能被消化的。有种蛾子的幼虫可以进入瓶中吃蜜汁，它也不怕瓶子草的消化酶，吃饱了仍能安然无恙地出来。还有一种蚊子，居然将卵产在瓶子草的消化液中，并可以孵化出幼虫，幼虫进而再长成成虫，丝毫不受影响而安然飞走。这恐怕是动植物相互适应的结果，即某些昆虫适应了瓶子草的这种环境，可以抵抗瓶中的消化酶，瓶子草反而成了它们的安乐窝。

各种瓶子草捉虫的方法均与上面介绍的类似，但有些的变态叶在形状上会有差别，如帽盖瓶子草的变态叶，像个长管子，口部有个帽状的盖子，因而得名帽盖瓶子草。另有一种瓶子草，猛见时吓人一跳：它的变态叶高达1米以上，上部稍弯，好像眼镜蛇的脑袋，在接近瓶口处有一处叶片向下延伸部分，很像蛇吐出的信子。在信子附近有一小孔，是进出瓶子的通道。此处还生有蜜腺，能分泌出蜜汁，引诱昆虫入瓶。

更为奇特的是，此种瓶管状叶子上部有许多透明的小亮块，阳光照射在上面，酷似出口。当昆虫循小孔入内掉下去后，看见那透亮小块时，以为是出去的地方，努力向上爬，结果爬了许多次皆碰壁而回，最终仍旧掉入管内液体中淹死。该种瓶子草只生长在美国加州沼泽地带。因此也被叫做加利福尼亚瓶子草。

●相关链接

植物为何要吃肉

从诸种食虫植物来看，其共同点是以叶子作为捕虫器，它们的叶子演化出多样化的捕虫构造，先想方设法吸引昆虫上钩，然后抓住不放，致虫于死地，再分泌消化液消化虫体，吸收营养。这些植物为何要吃肉呢？

众所周知，我们常见到的绿色植物都是靠光合作用制造有机物。在生长过程中，植物除了需要碳、氢、氧这三种元素外，还需要从土壤中吸收氮、磷、钾等元素，其中氮尤为重要，它是构成蛋白质必不可少的元素。植物有了氮，才能正常生长，长得茂盛；一旦缺少氮元素，则长得又瘦又小，呈现出病态。

但不是任何地方的土壤都含有丰富的氮素的。比如，一些酸性土壤，以及在潮湿的地方或是沼泽地，土壤中的氮就很少。科学家调查后发现，食虫植物多生长在近水边，土壤贫瘠而缺氮。同时，它们的根系不发达，有的甚至完全退化，因此若不能从其他方面获得氮素的补充，就无法生存。

这些植物经过长期的自然选择和遗传变异，其叶子逐步变态成昆虫捕捉器，设陷阱吸引昆虫自投罗网，从昆虫体内获得氮素，从而解决了缺氮问题。

需要说明的是，食虫植物虽然会捕食昆虫，但那只不过是用来获得氮源补充的一种手段，它们也能进行光合作用。因此，若是暂时捕不到昆虫也不会饿死。不过，如果长期捕不到昆虫，这些植物就会长得很瘦弱，最后甚至可能死亡。

救人的"海上卫士"

在鲨鱼面前，海豚是疯狂的击杀之神，攻击人类可谓易如反掌，但却从来没有海豚伤人的记录。最令人无法理解的是，即使当人们杀死一只海豚的时候，其他在场的海豚也只是一旁静观，绝不以牙还牙，这样的表现令动物学家深感困惑。

1888年，在新西兰北岛和南岛之间的库克海峡里，出现了一只海豚，它一见有轮船开过来，就会在船前欢跃地跳上跳下。船员们知道，凡是海豚跳跃的地方，海水一定很深，轮船不会触礁，于是轮船就跟着它前进，并顺利地通过了库克海峡。这只海豚不知疲倦地在别洛鲁斯海湾迎送着来往的船只，把轮船安全地引到港湾中。船员们亲切地把这只海豚命名为别洛鲁斯·杰克。1909年9月26日，新西兰政府特地颁布了保护海豚别洛鲁斯·杰克的法令：严禁伤害在库克海峡护送船只的别洛鲁斯·杰克。24年来，它始终义务地为过往的船只领航。1921年4月22日，别洛鲁斯·杰克被挪威的一条捕鲸船杀害了。后来，人们在水底的岩石缝里找到了它的尸体。为了表彰它的功勋，人们特地为它举行了隆重的葬礼，还在惠灵顿市为它建造了一座纪念碑。

1949年，美国佛罗里达州一位律师的妻子在《自然史》杂志上披露了自己在海中获救的奇特经历。她在一个海滨浴场游泳时，突然陷入了一个水下暗流中，一排排汹涌的海浪向她袭来。就在她即将昏迷的一刹那，一只海豚飞快地游来，用它那尖尖的喙部猛地推了她一下，接着又是几下，一直到她被推到浅水中为止。这位女子清醒过来后举目四望，想看看是谁救了自己，然而海滩上空无一人，只有一只海豚在离岸不远的水中嬉戏。

1959年夏天，"里奥·阿泰罗号"客轮在加勒比海因爆炸失事，许多乘客都在汹涌的海水中挣扎。不料祸不单行，大群鲨鱼云集周围，眼看众人就要葬身鱼腹了。在这千钧一发之际，成群的海豚犹如神兵天降突然出现，向贪婪的鲨鱼猛扑过去，赶走了那些海中恶魔，使遇难的乘客转危为安。

1966年，韩国一艘渔船在太平洋海面上捕鱼时不幸沉没，16名船员中有6名当即丧生，其余10名船员在水中游了近10小时，一个个累得筋疲力尽。就在他们求生无望之时，一群海豚匆匆赶来，围在他们周围。这10名船员喜出望外，抓住海豚胸鳍就往海豚背上爬。不料，海豚却把身子往下沉，自动游到他们下面，然后把身子往上一抬，就把他们驮在背上了。就这样，这群海豚驮着10名船员，一直游了85千米，然后猛地一使劲，把他们安全地甩到了海岸上。

海豚始终是一种救苦救难的动物。人类在水中发生危难时，往往会得到它的帮助。海豚也因此得到了一个"海上救生员"的美名，许多国家都颁布了保护海豚的法规。那么海豚为什么要救人呢？随着科学的进步，对海豚的认识进一步加深，其神秘面纱逐渐被揭开。那么，海豚救人究竟是一种本能呢，还是受着思维的支配？

动物学家发现，海豚营救的对象不只限于人。它们也会搭救体弱有病的同伴。1959年，美国动物学家德·希别纳勒等人在海中航行时，看到两只海豚游向一只被炸药炸伤的海豚，努力搭救着自己的同伴。海豚也会救援新生的小海豚，有时候这种举动显得十分盲目。在一个海洋公园里，有一只小海豚一生下来就死掉了，但它仍然不断地被海豚妈妈推出水面。其实，凡是在水中不积极运动的物体，几乎都会引起海豚的注意和极大的热忱，成为它们的"救援"对象。有人曾做过许多实验，结果表明，海豚对于面前漂过的任何物体，不论是死海龟、旧气垫，还是救生圈、厚木板，都会做同样的事情。1955年，在美国加利福尼亚海洋水族馆里，一只海豚为搭救它的宿敌———一只长1.5米的年幼虎鲨，竟然连续8天把它托出水面。

海洋动物学家认为，海豚救人的美德，来源于海豚对其子女的"照料天性"。原来，海豚是用肺呼吸的哺乳动物，它们在游泳时可以潜入水里，但每隔一段时间就得把头露出海面呼吸，否则就会窒息而死。因此对刚刚出生的小海豚来说，最重要的事就是尽快到达水面，但若遇到意外的时候，便会发生海豚母亲的照料行为。她用喙轻轻地把小海豚托起来，或用牙齿叼住小海豚的胸鳍使其露出水面直到小海豚能够自己呼吸为止。这种照料行为是海豚及所有鲸类的本能行为。这种本能是在长时间自然选择的过程中形成的，对于保护同类、延续种族是十分必要的。由于这种行为是不问对象的，一旦海豚遇上溺水者，误认为这是一个漂浮的物体，也会产生同样的推逐反应，从而使人得救。

有的科学家觉得，把海豚的救苦救难行为归结为动物的一种本能，未免是将事情简单化了，其根源是对动物的智慧过于低估。海洋学家认为，海豚与人类一样也有学习能力，甚至比黑猩猩还略胜一筹，海中有"智叟"之称。研究表明，不论是绝对脑重量还是相对脑重量，海豚都远远超过了黑猩猩，而学习能力与智力发达密切相关。有人认为，海豚的大脑容量比黑猩猩还要大，显然是一种高智商的动物，是一种具有思维能力的动物，它的救人"壮举"完全是一种自觉的行为。因为在大多数情况下，海豚都是将人推向岸边，而没有推向大海。20世纪初，毛里塔尼亚濒临大西洋的地方有一个贫困的渔村艾尔玛哈拉，大西洋上的海豚似乎知道人们在受饥馑煎熬之苦，常常从公海上把大量的鱼群赶进港湾，协助渔民撒网捕鱼。此外，类似海豚助人捕鱼的奇闻在澳大利亚、缅甸等也有报道。

难打的苍蝇

谈起打苍蝇，相信大家一定会有相同的感受，即苍蝇反应特别快，十分难打！一些人至今还在纳闷：小小臭苍蝇，为什么反应如此神速？为了揭开其中的奥秘，研究人员专门对苍蝇展开了调查。

有关人员首先对一种拟寄生苍蝇进行了研究，他们发现这种苍蝇的听觉极其灵敏。随后他们进一步发现，原来这种苍蝇的胸口上竟然长了两只"耳朵"，而且两"耳朵"鼓室彼此相互紧挨着，中间间隔仅约100微米。当靠近声源的一只"耳朵"首先听到声音后，它会立刻把信息传递给神经系统。神经系统随即测定两耳之间的压力差，然后它就会给肌肉发出信号，使其对声源做出逃避反应。这种结构使得苍蝇听觉器官辨别声音以及传递信息的速度比人耳足足快了好多倍。在这种情况下，人类的进攻行为通常早被苍蝇灵敏的听觉系统所识破。

此外，苍蝇的视觉系统也极其发达。苍蝇身上许多微小器官都与其眼睛直接相连，甚至它们的大脑也几乎全部都参与了处理视觉信息的活动。苍蝇因为没有眼皮，所以它经常不停地用爪子擦拭自己的眼睛，以便保持眼睛的清晰度。苍蝇眼睛的反应速度是人眼的10倍。日光灯每秒闪烁60次，对于这点，人眼根本察觉不到，然而苍蝇可以毫不费力地看出来。正是苍蝇敏锐的视觉能力才形成了它们动作神速的特点。苍蝇眼睛获取视觉信息并及时做出反应，这一过程最快时只需1/30000秒，这明显比人类反应快出许多倍。

与苍蝇灵敏的视觉相呼应的是，苍蝇在急速飞行的时候，它还能够根据具体情况随时改变飞行方向，从而躲避来自任何方向的突然袭击。而实际上，人类从盯准到挥手拍打苍蝇，这一神经传递过程远不如苍蝇快，难怪我们有时面对苍蝇，只能望而兴叹。

苍蝇很难被人打到，还有另一个原因，即它们具有"飞檐走壁"的特异功能。苍蝇可以在光滑且竖立的玻璃板上行走自如，它的跗垫和玻璃板之间的附着力足以防止身体下滑或摔下来。苍蝇甚至还可以倒身依附在天花板上静止不动，让站在下面准备攻击它的人干瞪眼没办法。有人曾经拿其他飞虫与苍蝇作过比较，他们发现，即使其他飞虫的重量与苍蝇差不多，但由于体形不一样，这些飞虫的地面吸引力远远大于苍蝇，最后这些飞虫足下蹀垫的附着力无法与地面吸引力相抗衡，于是飞虫就容易掉下来。苍蝇正是由于自身特殊的体形，它才可以轻巧地行走于房间的任何立面乃至天花板的平顶。这也是苍蝇为什么总是难被打到的原因之一。

苍蝇集多种绝技于一身，这使得当外界物体对它进行攻击时，它能够很敏捷地躲开。当然，若是在苍蝇心不在焉，比如趁它扭头伸腿、梳理翅膀的时候下手，那结果肯定就不一样了。总之，打苍蝇的确不是一件容易的事情。

人们拍打苍蝇只是基于大家对苍蝇的憎恶感，而实际上，随着人们对苍蝇的进一步了解，人们从苍蝇身上得到的启示越来越多。苍蝇在地球上生活的时间远比人类长得多，苍蝇在漫长的历史演化中，不断适应环境，从而练成了现在特殊的本领。从某种意义上讲，我们完全可以借鉴苍蝇的这些本领，而没必要与它们为敌。

苍蝇的复眼包含4000个可独立成像的单眼，能看清几乎360度范围内的物体。在蝇眼的启示下，人们制成了由1329片小透镜组成的一次可拍1329张高分辨率照片的蝇眼照相机。苍蝇的嗅觉特别灵敏并能对数十种气味进行快速分析且可立即作出反应。科学家根据苍蝇嗅觉器官的结构，把各种化学反应转变成电脉冲的方式，制成了十分灵敏的小型气体分析仪。

在医疗领域，苍蝇有一种奇妙的功效，比如当传统的外科手术和抗生素对人体治疗失败时，人们可以利用丝光绿蝇的蛆芽在患者伤口处加以处理，从而达到治疗外伤的效果。如今德国北部一些医院的科研人员已将这种蛆芽应用于临床。他们将新孵化的蛆芽放入患者伤口处，然后稍微加压包扎3—4天，这些蛆虫就会吃掉伤口里面的坏死组织，消灭细菌，同时它又不会损害健康组织。尽管这种治疗方法看上去令人作呕，但它既经济实惠，又能够减轻病人的痛苦，甚至还可以帮助一些患者避免严重的截肢手术。

苍蝇在飞行时，其翅膀以每秒330次的频率振动，这种高频率振动有利于苍蝇翅膀根部的平衡棒产生某种奇妙的陀螺仪效应，从而使身体保持平衡。现在人们根据这一原理制成的新型振动陀螺仪体积小，准确率高，而且可以自动保持整体平衡，把它应用到飞机和火箭上，就能避免这些飞行物在高速飞行时发生失衡以及翻滚之类的危险。

显然，人类对苍蝇的看法正孕育着一场脱胎换骨的革命，随着生物科技的不断发展，苍蝇身上的某些积极因素将会越来越多地被应用到我们的日常生活中。到那时，打苍蝇这种最典型的卫生行为将成为历史，或许它还会成为我们后人无法理解的历史故事呢！

敏感引发的"多动症"

许多植物，它们的运动方式主要表现在枝叶的明显变化上。一些具有感热性、感震性等感性运动功能的植物，在受到外界环境变化的刺激时，枝与叶都会做出一些妙趣横生的动作来，仿佛患了"多动症"的孩子，调皮又可爱。

豆科多年生植物含羞草的枝叶，在受到外界触动时就会做出非常"娇羞"的动作。这种低矮的草本植物对外力的触碰尤为敏感，你一摸，它立即就会有反应，先是小羽叶一片一片闭合起来，四根羽轴接着也合拢了，最后干脆整个叶柄都垂下来。过了一会儿，含羞闭合的叶片又会舒展开来，下垂的叶柄也会重新挺立，不过一旦再次遭到"骚扰"，又会立即"含羞"。这种奇特的运动缘于含羞草枝叶的特殊细胞结构，因为其叶片和叶枕上下部组织结构不同，上部细胞的细胞壁较厚，下部的细胞壁较薄，下部的细胞间隙比上部的大，所以当外界刺激传来时，下部细胞透性迅速增大，水分外流进入细胞间隙，使下部细胞的膨压下降，组织就呈现出疲软下垂的态势。当外部刺激消失后，下部细胞间隙小的水分又会回流，使枝叶重新舒展。只要外界有反复的刺激，它就会开开闭闭，反复运动。正因如此，人们才将这种小草称为"含羞草"，别称"知羞草"、"怕痒花"、"惧内草"，意思都是一样的。

　　如果说，含羞草的运动是被动的，那么，另一种产于中国华南部分省区，名叫"跳舞草"的多年生木本植物，其运动的习性则表现得相当主动。跳舞草也是一种豆科植物，分枝很少，茎高1米多，叶片绿色。每三张叶子组成一个叶片组，中间的叶片较大，两侧的叶片较小，两侧的小叶子会绕着中间大叶上下摆动，或做360度的大回环运动。而且在同一株上的叶子，有的运动很快，有的运动很慢，它们一会儿分离，一会儿靠拢，有时向上有时向下，满株的叶子同时起舞，生动而神奇。

　　当夜幕降临，跳舞草会进入"睡眠"状态，叶柄向上贴向枝条，三小叶中的那片大叶子顶端下垂，像一把合起的折刀，另两片小叶则舞兴未减，还在慢慢转动，只是速度和节奏不如白天了。

　　跳舞草的运动奥秘，来自于它的感热性和感震性，每当气温达到25℃以上，并在70分贝声音的刺激下，处于"睡眠"状态的跳舞草就会"苏醒"过来，兴高采烈地表演起它那迷人舞姿。凭借着独特的运动天分，跳舞草同时又赢得了众多形象而有趣的别名，如"舞草"、"情人草"、"多情草"、"风流草"、"求偶草"等。

　　由感性运动而引发"多动症"的植物其实还有很多，例如猪笼草、捕蝇草等叶子的运动，也是一种感震运动，它们的叶子转化为精巧的捕虫器，当小动物侵入捕虫器时，即触发感震运动，叶子迅即合拢，将入侵的小动物捕获。当然，这些小草的运动越频繁，说明它们的收获也就越丰盛了。

没有翅膀我也飞

　　自古以来，人类就梦想着能像鸟儿那样飞行，可以翱翔于蓝天白云之间。所以，无论哪个民族都以丰富美好的想象，把飞天的本领赋予神话传说中的人物。可是直到今天，人类凭借自己的体力还是不能飞行，归根结底，人类缺少了一对有力的翅膀。

　　通常来说，翅膀是飞翔的前提，没有翅膀就不能飞行。然而，在自然界还存在着一些没有翅膀也能飞的动物。

飞蜥也称飞龙，是树栖动物，它的外形与一般蜥蜴的最大区别是，身体的左右两侧分别长有橙黄色的翼膜。翼膜由5条延长的肋骨支持，收缩伸展自如。静止时翼膜紧贴身体两侧，外形与一般蜥蜴相仿，只有在遭遇天敌捕杀的危急关头，才会一展美丽的橙黄色翼膜，进行飞行逃生。当飞蜥展开翼膜时，整个身子变成了扁平状，投影面积一下子扩大了好几倍，这样，飞蜥在树上向外跳跃时，身体下落的空气阻力大大增强了。可在空中滑翔20多米，足以从一棵树飞到另一棵树。橙黄色的翼膜在空中展开飞行，宛如一只美丽的大蝴蝶。

飞鼠也称鼯鼠，外形颇似松鼠，系树栖动物。它在树洞中营造自己的安乐窝，昼伏夜出，主食为果实。它与松鼠的最大区别在于，飞鼠的前后肢之间有宽大多毛的飞膜。飞鼠是个爬树高手，它能在刹那间身手敏捷地爬上树梢，突然张开四肢，向前纵身一跳。那带毛的皮飞膜被四肢展开，如神话中的飞毯一般在空中滑翔飞行，从一棵树飞到另一棵树。飞鼠一般可腾空飞行四五十米，飞行中蓬松的大尾巴伸得直直的，起着舵的作用，控制着前进的方向。

飞猴的学名是猫猴，栖身于热带树林中，也是昼伏夜行，白天像蝙蝠一样倒悬于树上，夜间出来活动，以树叶和果实为食。飞猴会以前爪抓住树枝，像体操运动员一样在单杠上前后摆动身体荡秋千，或进行大回转，并借助于身子晃动、旋转的惯性和树枝变形产生的弹性，突然松开前爪，飞猴便会冲天而起，垂直向上飞行可高达六七米。飞猴在树顶上使出这一腾空绝技，出其不意地拦袭空中飞过的小鸟、昆虫，经常还能够捕捉到那些长着翅膀的飞行者。

飞猴从颈部、前臂、后足至后尾端有长满毛的翼膜，在空中展开，增加了身体下落的阻力，由挺直的尾巴作舵控制前进方向，可以轻松地飞到另一棵树上。这种依靠翼膜在空中飞行滑翔的技巧以及尾巴控制飞行方向的能力与飞蜥、飞鼠相似，然而飞猴会借助树枝的弹力，使自己飞行的距离比飞蜥、飞鼠远得多。一只飞猴从高高的大树顶上，借助树枝的弹力，可以飞出去100米。

旅鼠的"死亡大迁移"

在所有的北极动物中，小小的旅鼠也许是最为神秘莫测，令人费解的了。在其诸多的奥秘当中，最令人莫名其妙的则是所谓的"死亡大迁移"。

1868年的一天，天气晴朗，海上能见度很好，远处挪威的海岸线清晰可见。一艘满载着乘客的邮船正在破浪前进，甲板上挤满了即将到达目的地的游客。突然，有人大声喊道："你们看！那是什么？"大家顺着他指的方向看去，只见不远处的海面上，一片黑乎乎的东西正在不停地蠕动。是鱼群吗？不像。那么这又是什么呢？人们猜测着，但没有人能够回答。渐渐地，船驶近了。人们终于看清，原来是数不胜数的旅鼠正从海岸上向海洋深处奋力游来。游在前面的老鼠，很多已经力竭而沉，但随后而来的毫不退缩，依然前赴后继。事后，海面上出现了大片旅鼠的浮尸。从那个时候起，人们开始注意到，每隔三四年，生活在北欧的旅鼠就会不约而同地来到挪威海和北海岸边，投海而死。

至于旅鼠为什么会集体自杀，100多年来，许多科学家们虽然进行了大量的观察和研究，却仍然众说纷纭，莫衷一是，提不出一个令人信服的解释来。

有人认为，旅鼠的集体自杀，可能与它们的高度繁殖能力有关。旅鼠喜独居，好争吵，当其种群数量太高时，它们会变得异常兴奋和烦躁不安，这时，它们便会在雪下洞穴中吱吱乱叫，东奔西跑，打架闹事。因此有人认为，由于其繁殖力过强，旅鼠得不到充足的食物和生存空间，只好奔走他乡。值得一提的是，旅鼠的分布极广，除北欧以外，在美洲西北部、俄罗斯南部草原，一直到蒙古一带均有其分布，但只有北欧挪威的旅鼠有周期性的集体跳海自杀行为。因此，有的生物学家进一步解释：在远古时代，有一块古老的陆地叫大西洲，大西洲地处亚热带，四季如春，物产丰富。后来海陆变迁，这块富饶的大西洲沉没了。在大西洲未沉没以前，因为北欧陆地上食物的匮乏，北欧旅鼠的祖先就会泅水过海，前往大西洲寻找食物。而那时候，波罗的海和北海都比现在窄得多，所以旅鼠是有能力游过海去的。这种说法的依据是：有考古学家在不列颠海岸以南的地方发现了远古挪威旅鼠的化石。但是后来，大西洲已经不见了，而旅鼠却一直执迷不悟，遵循着祖先的足迹，以为彼岸即乐土，结果落得葬身海底的下场，才演出了一幕幕旅鼠集体自杀的悲剧。

但是，这一学说存在严重的不足。因为旅鼠是啮齿类动物，它们几乎以北极所有的植物为食，而且即使达到每公顷250只的密度也是地广鼠稀，所以旅鼠的迁移并非因为得不到足够的食物和生存空间。更有说服力的是，旅鼠在迁移过程中即使遇到食物丰富，地域宽广的地区也决不停留。况且，旅鼠也迁入巴伦支海和沿北冰洋北上，若按上述观点，许多年前巴伦支海北部理应有陆地，否则，旅鼠又为何北迁呢？

对此，前苏联的科学家又提出了新的解释，在1万年以前，地球正处在寒冷的冰期，北冰洋的洋面上结成了厚厚的一层冰，风和飞鸟分别把大量的沙土和植物的种子带到冰面，因此，每逢夏季，这里仍是草木青青，旅鼠完全可能在此生存。只是由于后来气候变化，才导致原来冰块的消失，而如今向北跳入巴伦支海的旅鼠，正是为了寻找昔日的居住地。这一解释虽然有道理，但缺乏充足的证据，因此仍不尽如人意。

另外一种学说则认为，旅鼠为啮齿类哺乳动物，门齿很发达，终生持续生长，常借啮物以磨短。因为靠咬东西磨牙，会发出大量的次声波或超声波，一旦达到一定的密度，一公顷有几百只，奇怪的现象就发生了：几乎所有的旅鼠一下子变得焦躁不安起来，东跑西颠，吵吵嚷嚷，永无休止，停止进食，就是因为大量超声波或次声波的刺激，使其神经系统和内分泌系统发生紊乱，性情乖戾，似乎大难临头。它们感到一种无法抗拒的末日般的灾难即将到来，产生了生不如死的感觉。这种内部系统的紊乱反过来更加刺激了它们门齿的疯长，它们更加拼命磨牙，包括牙齿间互磨发出的声波和吵嚷发出的声波，都含有大量的次生波。最终内分泌的失调使它们的毛色由灰黑变成鲜艳的橘红，像血液流进或者说涌进了毛发管里一样。痛苦和惊惧让它们到处乱窜，聚集成群的本意是为了寻求生的安全，不曾想这聚集的规模越大，相互磨牙或发生的叫嚷声形成更超常的次声波场，更加剧了它们内心的震撼和神经的紊乱，最后有一两只"抱头鼠窜",结果其他老鼠认为它们有逃生之路,蜂拥尾随,朝着同一个方向奔袭,跑在前面的旅鼠越是想"逃离"这次声波场,这次声波场却在后面紧追不放。旅鼠常在晚上磨牙,因而晚上尽管鼠目寸光,由于惧怕自身发出的次声波场,仍旧在黑暗中狂奔。之所以沿着一定的路线奔向大海,特别是不向南迁移,有可能是北极密集的磁场或者说磁力线有吸纳、排斥或消融次生波的作用,或者说大海有吸纳次声波场的作用(当然波浪也能发出次声波),极地磁场和大海的强烈内作用使鼠群形成的"声场"像"风"一样,像"力"一样驱赶着它们奔向大海,形成一种"自杀"的场面。

虽然这种"声场"对我们人类来说是微乎其微的,但对旅鼠而言,却是非常强大的。

当然这些说法也只是推测,科学家们还在继续探索。总之,关于旅鼠集体自杀的问题,有外部环境条件的影响,也有旅鼠自身生理上、行为上,甚至遗传上的因素,面对如此复杂的问题,还有许多研究工作要做,只有这样,才能逐步揭开旅鼠集体自杀之谜。

研究旅鼠生命周期的科学家还发现,在其数量急剧增加的时期,旅鼠体内的化学过程和内分泌系统同时也发生变化。有人认为,这些变化可能正是生物体内控制其种群数量的开关,当其数量达到一定程度时,就会促使该种群大量的集体死亡。但旅鼠到底是集体自杀,还是在迁移过程中误入歧途,坠入大海而溺死,至今仍然看法不一,这一直是生物界中一大难解之谜。

"足智多谋"的动物

每个喜欢动物的人都认为宠物的智力与人"相差无几"。根据最近对动物所作的智力测验得知,动物爱好者的观点可能是对的。

一只秃鼻乌鸦残废了,无法飞行,只好住在一户人家的附近,靠吃残渣剩饭过日子。一次,主人拿一块干面包给它,秃鼻乌鸦用嘴啄了一下,发现面包很硬,便叼起面包走到给鸡、鸭饮水的盆子前,把面包放进去，然后再取出来。面包吸水后变得柔软了，它一点一点地吃了起来。后来那户人家把水盆挪动了地方，然后再给乌鸦一块干面包。秃鼻乌鸦叼着干面包向原来放水盆的地方走去，可是那儿已经空空如也。它叼着那块面包来回不停地走了几次，最后，终于发现狗食盆里有水，于是欣喜若狂地向狗食盆那儿走去，如此这般地将面包吃到了肚里。

在英国，送牛奶的人每天把瓶装的牛奶、酸奶酪和奶油送到各家门口。一次，一只小山雀啄开铝箔制的瓶盖，把牛奶偷吃了。不久，其他山雀也如法炮制，纷纷偷吃各家的牛奶。有些法国的山雀对牛奶和酸奶酪不感兴趣，专门偷吃奶油。令人吃惊的是，这些小山雀竟然能根据瓶盖的不同颜色，分辨出哪个瓶里装的是奶油。

有人用细绳把一片肥肉吊在瓶里，看山雀能不能得到这片肉。一开始，饥饿的山雀隔着透明的玻璃瓶用嘴啄。碰壁之后，它停在瓶口一动不动，似乎是在"思索"。最后，它终于想出了一个好办法：用嘴咬住细绳往外拉，拉一段，用脚踩一段，反复多次，美味便到手了。

一天清晨，太阳刚刚升起，一只赤狐在山腰处不停地跳跃，然后背部贴地腹部仰天，四足伸直，发疯地翻着筋斗。附近的鸟儿和野兔被赤狐的出色表演吸引住了，纷纷围上来观赏。围观者正看得津津有味，赤狐却突然停止表演，朝一只野兔猛扑过去。可怜的野兔还没弄明白眼前发生了什么事，就被狡猾的赤狐吞食了。

貂也有这种诱食上门的伎俩。一次，一对喜马拉雅貂"夫妇"在山顶上摆开了阵势。它们活像两个"武术师"，一个滚过来，另一个翻过去，动作越来越快，直搅得尘土飞扬。一只爱凑热闹的乌鸦停落下来，好奇心驱使它一步步向表演者走去，正当乌鸦看得出神的时候，两只喜马拉雅貂骤然停止演出，它们一起向乌鸦出击，把乌鸦抓住，然后美餐一顿。

对于野鸭来说，赤狐是凶恶的敌人，它们常从两侧或背面袭击野鸭。有时候，野鸭发觉身后有赤狐，会突然转过身子朝对方冲去。赤狐往往并不反击，而是摆出一副仁慈的姿态，缓缓地后退，作暂时的让步，可是要不了太久，它就会露出狰狞的面目，用尖嘴和利爪向野鸭发起攻击。野鸭感到大祸临头，便灵机一动，躺下装死，爱吃活食的赤狐就不会去咬它了。

有时候赤狐还会用前爪在附近挖一个小土坑,将野鸭的"尸体"放在里面,然后用鼻尖推上一些泥土后离去,过一段时间,野鸭会慢慢抬起头来,窥测动静。如果赤狐尚未离开,它又会徐徐低下头继续装死;假如赤狐已经走远,它就会破土而出,展翅高飞。那时,赤狐只能闻声观鸭,引颈莫及了。

西伯利亚的克拉斯诺雅斯克有一条河。一次,河岸上的伐木工人发现岸上站着一只熊正望着水面出神。只见它在岸上来回走了几步,便从原木堆上拿起一根原木,一边哼哼唧唧一边往河里拉。大熊把原木放到河里后,回来又晃动原木堆。又有一根原木滑到了河里。这时,大熊向河的下游走去。在离河岸较近的浅水处,大熊停住了脚步,开始用两只前脚掌拍打水面,原来它是在抓鱼呢。熊抓住一条鱼就往岸上扔,而那些鱼一动也不动,就像死了一样。至此,人们才明白,熊把原木推到河里,击中鱼群,把鱼打麻痹了,冲到离河岸较近的浅水地方,这样抓鱼岂不是方便多了吗?

● 相关链接

聪明的动物们

2007年12月的一天,英国一家养鱼场的褐鳟鱼上演了一出为了自由而逃亡的壮举。它们从池塘内纵身跃起1米多高,准确地蹦入给池塘补充水的管道内,管道直径仅20厘米。之后褐鳟鱼"逆流而上",在管道内逆流游10余米,并时刻提防猎食者的袭击,最后才获得了宝贵的自由。

美国旧金山一名男子饲养的一条两岁大的金鱼可谓"世界上最聪明的金鱼"。这条金鱼会"踢"足球、"投"篮,甚至还能大跳林波舞。这条聪明的金鱼名叫科密特,体长10厘米。主人迪安花了整整两年时间训练它,才将它培养成了投篮、踢球、跳舞样样精通的高手。目前,科密特正在向"世界上最聪明的金鱼"桂冠发起挑战。

当今社会,养狗养猫作为宠物并不稀奇,英国威尔士有一家人，以一只重约140公斤的雄性绵羊作为宠物，甚至在出门旅行时也带着它。而且这只绵羊每天晚上都跑到起居室里和主人一家一起看电视，并喜欢依偎在主人脚下睡觉。不仅如此这只绵羊还非常喜欢洗澡，每次都躺在地上然后把4只蹄子翘起来等着主人给它抹上沐浴露。真是没见过这么会享受的绵羊……

英国约克郡一头名叫"灰姑娘"的小猪可能是世界上第1头患有洁癖症的小猪，自出生后，它一直不肯和兄弟姐妹一起在泥巴中玩耍。直到近日主人为它定做了4只小靴子，它才终于肯和泥巴亲近。小猪穿靴子，真是越来越人性化了……

2007年，一只名叫"诺拉"的英国母猫成为了全球网民追捧的网络明星。原来，今年3岁的"诺拉"两年前开始对主人家的钢琴产生了浓厚兴趣，从此开始独自钻研。现在"诺拉"已经能够用前爪演奏难度颇高的古典钢琴曲。真是无师自通的典范！

动物的"超能力"

英国生物学家舍瑞克根据调查和实验结果，总结出动物所具有的我们不理解的能力，其中之一便是动物对于将要发生的与它息息相关的事情有预知能力。如在地震发生前一两天，许多动物都会表现出奇怪的行为，例如，老鼠和蛇会从洞穴里仓皇逃出，马和其他动物们会变得焦躁不安，试图挣脱缰绳，鸟儿们大批地飞往别处。1883年的印度客拉客托火山爆发前，大量的动物都逃离了。现在在日本，居住在地震频发区的人都养金鱼，因为金鱼在地震前会极度不安和表现反常，通过观察金鱼的行为，人们可以预先知道是否要发生地震。

另外，动物对气候的变化也有准确的预测能力，一般能够超前一个季度甚至半年，这种能力是人类的天气预报望尘莫及的。例如，如果冬季将漫长严寒，松鼠们就会囤积更多的食物，鼹鼠们会把洞挖得很深；而若冬季将是一个暖冬，松鼠囤积的食物会明显变少，鼹鼠也不会费力气挖深洞。动物为什么具有这种能力？一般自然事件在出现前先有电磁场等某些方面的变化，这些变化，人类感受不到，但动物可以感受到。

对于养宠物的人司空见惯的事情是：回家时，宠物总是早已在门口欢快地迎接我们了。至于宠物们何时就在门口等待，我们没有深究过。英国南安普顿的一位兽医让她儿子注意观察，发现她家的猫咪总是能够在她到家前的20分钟左右就到台阶上等待她回家。一位瑞典人退休后养了一只猫，他非常宠爱它，后来他到一老朋友家帮忙去了，有时会在晚上给家里打电话，当然打电话的时间是不固定的。但是家人发现，每次他的电话来之前的1分钟左右，这只猫都会激动地坐在电话机旁边等着，奇怪的是，其他人的电话它从不关心。他通常坐火车然后转人力车回家，在他回家前的半小时，这只猫就会坐在门口等着心爱的主人归来。有时火车早点或晚点，他会从火车站打电话告诉家人，猫会在电话响之前坐在电话附近，电话打过之后，它又匆忙跑到门口坐下来等待主人的归来。主人的电话和归来都是毫无规律的，但是猫好像明确地知道主人在哪儿，下一步要干什么。

难道宠物与人之间具有心灵感应？生物学家舍瑞克认为宠物确实具备我们所不理解的感知心灵的能力，能够感知主人或其他动物的所思所想。

前苏联科学家曾对动物之间的心灵感应现象进行了研究。一位医学博士用兔子做了一系列很残酷的实验，来观察兔妈妈和兔宝宝之间是否存在心灵感应。兔宝宝被带到一个潜水艇上，兔妈妈在岸上，而且被连上了电极来检测兔妈妈的脑电波情况。兔宝宝被按照计划杀掉了，结果就在小兔死亡的那一瞬间，兔妈妈的大脑活动激烈，行为表现激动，这个实验表明在动物之间确实存在某种看不见的联系，仪器明显地记录到了这些情况。

对于宠物与人之间的心灵感应，一位俄罗斯神经生理学家在这方面进行了研究，他确实发现，即使他把动物们放在挡板后面，不让它们看到人类的肢体语言，动物们也能知道人想什么。法国的一些科学家曾计划随机地挑选一些老鼠杀掉，那些被杀的老鼠却事先就有反应，焦躁不安，心神不宁，好像早已料到了自己将要被杀。自古以来，屠夫都知道牛在被杀之前流眼泪是司空见惯的事情，还曾经有母牛或母羊向屠夫下跪的报道，它们是为了保护自己腹中的胎儿。

许多人纳闷,动物们为什么具有超乎我们的能力?生物学家认为,动物们的这些能力,是一种本能,我们人类也曾经拥有,只是现在淡化了。一位英国宠物心灵学家说,动物们具有这些超感知的生存本能,可以帮助它们很快地知道同伴在哪儿,哪儿有食物和水源,甚至还能帮助它们辨别水源是否有毒,感知附近有没有潜伏的危险。

许多人对此观点比较相信,认为动物可以解读人类的脑电波。能够预见将要发生的事情,提前做出反应。而另一些人认为,这只是因为动物在听觉、视觉、感受磁场和其他一些微妙的环境因素和变化方面比人类敏感。也有人认为这两个观点其实是一回事,人类的感官所能感知的事物是很有限的,有些频率的声音我们听不到,但是猫能够听到;有些气味,我们闻不到,但是狗能够闻到。也许动物能看见的,我们看不见的,其中就有"鬼"。因此,动物们虽然与我们共同生存在一个世界里,但是却能够听到、闻到、看到超过我们听觉、嗅觉和视觉所感知的事物。还有些科学家提出小生命周围具有一定的能量场,这种能量和思维能够跨越种群之间的障碍而相互影响,使它们与人类之间沟通。

现在,这个问题还是个非常有趣和富有争议的话题。当然不是所有的动物都具有同样的能力,就像人类的能力各不相同一样。我们可以看出,动物们好像与爱护它们的人更容易建立心灵感应,而且它们会非常忠实于爱护自己的主人。

地头"蛇"斗不过外来"客"

引进外来动物可以丰富本地物种,美化自然环境,增加收益,牛、羊、鸡、鸭等家禽家畜在全球的推广就是很好的例子。然而,必须掌握适度的数量,维持生态和食物链的平衡,倘若某种动物过多过少都将造成灾难性的后果。

●欧洲贻贝肆虐五大湖

美国货轮在欧洲卸货返航时,空船往往装些淡水压舱,结果将生活在淡水域中的贻贝带回北美五大湖。五大湖是世界上最大的淡水湖群，土著贻贝体小，繁殖力不强，不足为害。而欧洲斑纹贻贝为双壳，个大，繁殖力强，很快在五大湖传播开来，附于船底和渔网上，严重影响船舶航速和寿命，破坏渔业生产。它爬进取水管道、过滤设备和灌溉系统，造成堵塞。小小贻贝还攻进克利夫兰市的供水系统，直窜工厂水池，使供水受阻，工业生产水平下降。

20世纪80年代末出现的贻贝灾，花掉了纳税人许多冤枉钱。据美国政府估算，若使用药物毒杀贻贝，10年才能奏效，需耗资90亿美元，而且只能控制数量，难以达到灭绝的目标。眼前应急对策是劝告船只入湖前，在河口将欧洲压舱水换掉。

●英国红松鼠濒临灭绝

小巧玲珑的红松鼠毛色丹红，惹人怜爱，曾遍布英伦三岛，窜逐于树林当中，成为英国特色风景。上世纪末，一种个头较大的北美灰松鼠引进英国，它的外观不如红松鼠可爱，而觅食力和繁殖率却比红松鼠厉害。通常一处森林来了一群灰松鼠，15年就可导致红松鼠的绝迹。灰松鼠不断侵袭红松鼠的领地，如今只有苏格兰、北爱尔兰尚存红松鼠16万只，而灰松鼠却已遍布全国，数量达250万只。

英国政府正在尽力拯救红松鼠，将它列入面临灭绝的116种动植物名单之中，加以保护。

●克尔格伦来了"长耳兽"

南印度洋靠近南极洲的克尔格伦群岛，由300多个岛屿组成，虽严寒但潮湿而有植被，分布着几片绿洲。

1874年，英国天文考察团为了观察金星来到克尔格伦的主岛，带来一群兔子放养于草地，以供日常食用。考察团走了，兔子没被收拾干净，它们就在岛上繁殖开来。本世纪又有渔民带了兔子到别的小岛，以致兔迹遍布群岛。

兔子很快适应这里的环境，侵占企鹅的传统领地，啃啮草地上的所有植物，在地上打洞建安乐窝。没草吃时，连苔藓、螃蟹、鱼虾都吃，甚至追逐企鹅、鸟类，将绿洲变成秃地，使美丽的海岛千疮百孔。来这里停泊的船只时常发生缆断船沉的海难，后来察觉船缆是被什么野兽啃烂了，船员们说不清是何"妖"作怪，有人说是"长耳兽"，有人说是"草原龙虾"。其实就是兔子捣的鬼。

如今的克尔格伦较温暖的东北部诸岛，每公顷的土地上已有兔子50—100只，渔船视为畏途，不敢在这里停泊。法国基地法朗索港的电缆，实施高架作业，将电缆悬空高架在离地面60厘米的硬塑料管里，以防兔子啃咬。

●毒蛇横行关岛

关岛是美国在太平洋的重要军事基地。近年科学家进行调查，确认岛上每平方公里平均分布毒蛇3 100条，总数达165万条！其一般长度60厘米至1米多。最长可达3米。居民出门一不小心就会踩着毒蛇，人人谈蛇色变。

关岛本来没有毒蛇。第二次世界大战后期，新几内亚的毒蛇躲在军械和装备的包装箱中，或钻入车辆、军舰，随美军进驻关岛。这岛上没有蛇的天敌（如猫头鹰、秃鹰、黄鼠狼），毒蛇如鱼得水，大食飞鸟、蝙蝠、蜥蜴，成几何级繁衍开来。它们出没于街道、村社，甚至闯入楼梯间、卧室，钻到床铺安眠，搅得岛民日夜不安。每天都发生数起蛇伤中毒案，蛇伤科成了医院的热门，许多孩子因蛇咬而夭折，禽畜死亡率惊人之高。蛇又特别喜欢咬嚼电线，造成难以计数的停电事故，使正常生产生活受到干扰。

毒蛇破坏了关岛的生态平衡，已有10多种鸟类完全灭绝，蜥蜴和蝙蝠的数量急剧下降。

●北罗纳德赛的刺猬灾

英国苏格兰的北罗纳德赛岛，居民百余人，靠种花卖菜为生。20世纪70年代初，岛上蜗牛和蛞蝓成灾，大量吞吃岛民赖以为生的花木和蔬菜。刺猬最爱吃这两种软体动物，当地立即引进雌雄一对，驯养于花园温室，每日放到花圃菜园中捕食害虫。

这对刺猬繁殖了许多后代，园艺害虫日渐减少。有一天，几只刺猬乘人不备逃出花园温室，到野外配对结巢。由于没有猎食刺猬的天敌，它们不几年繁衍到1 000多只，不但吃蜗牛和蛞蝓，而且爬树掏洞，大吃鸟卵和幼鸟，使鸟类濒于绝迹。岛民动员起来，在沟渠、路边、田垄中追捕刺猬，晚上还打着电筒搜索。刺猬非常狡猾，人们费尽气力才捕得100多只，装进木盒用专机运赠各地动物园，或卖给私人收藏者。如今尚有900多只逍遥法外，成为北罗纳德赛岛的祸害。

●澳洲不欢迎鲤鱼

澳大利亚本无鲤鱼，19世纪末才由欧洲引入。鲤鱼属杂食性鱼类，性喜掘泥，很快适应了澳洲的环境，在各地繁衍开来。澳洲人忌吃鲤鱼，只将它当做观赏品养在鱼缸和水塘中。一些鲤鱼流入自然水系，无节制地繁殖。20世纪70年代，澳洲东部连续洪水泛滥，鲤鱼迅速传播到所有水系，仅墨累河、达令河水系就达80亿尾之多，成了河流的霸主。这些家伙在河床掘泥觅食，将水生植物连根拔起，使河水浑浊。河岸被挖得千疮百孔，有的地段被大面积掏空，成片崩塌。它排挤土著鱼类，使珍贵鱼种绝迹。澳洲发起歼灭鲤鱼的行动，农民在湖沼水塘施药毒杀，渔民捕鲤送给农场做肥料，但收效甚微，至今鲤鱼有增无减，与兔灾一样成了澳洲的大害。

动物的情感世界

在动物世界里，母子之间、父子之间、雌雄之间许多爱的行为是很可贵的。有的被用在人类社会的一些艺术作品中进行形象比喻，从而使更多的人感叹不已。

●感人的"母爱"

在严寒的北极有一种绵凫鸟。雌鸟在生儿育女之前，便用嘴紧紧咬住身上的羽毛，忍着剧痛将长长的羽毛一根根地拔下来，用它筑成一个松软而温暖的羽毛窝，以便让出生的子女能舒舒服服地度过寒冬。

鳄鱼是十分凶残的动物，然而对子女却很疼爱。雌鳄鱼在岸上生蛋，然后把蛋埋在半米深的地下。在小鳄鱼孵出之前，雌鳄鱼有三个月左右的时间不吃东西，日夜不离守护着自己生的蛋。当小鳄鱼从蛋中咬破外壳，并发出叫声的时候，雌鳄鱼便用前爪扒开土，衔起孵出的小鳄鱼，把它们依次放入水中，并精心照料它们开始新的生活。

生活在海洋中的章鱼，甚至可以为抚养子女而舍弃自己的生命。一条章鱼在孵化季节，一次可以产卵近30万个。它将这些卵一个个地排列起来，粘成15厘米左右的长串，然后将这些长串放在暗礁或洞穴内。在长达一个月甚至一个半月的孵化期内，雌章鱼不进食，专心地守候在尚未降生的子女旁边，不停地用长足抚摸它们，向成串的卵上喷水，并抵御闯进孵化区的生物，直到一条条小章鱼出生，这时雌章鱼也筋疲力尽，有的则因饥饿和劳累而死去。

●真诚的"父爱"

海马是生活在浅海中的一种小鱼类，体长10—20厘米，头形很像马头，尾部很长，由许多经节组成，能够灵活伸曲和弹跳，背鳍像一面绵扇摇动着，以维持身体的平衡，可在海水中做直立游泳。在雄海马的身上，有一个由身体两侧腹壁皱褶合成的囊袋，于是，在雄海马的腹部中间就构成一个宽大的"育儿袋"。在生殖期间，雌海马把卵产在雄海马的"育儿袋"中，既避免了这些卵被其他动物吞吃的危险，又能有效地保证胚胎的发育。受精卵在雄海马的"育儿袋"里进行胚胎发育，所需养料从"育儿袋"中的毛细血管中获得。

●热烈的"情爱"

生活在深海中的鲎，雌雄之间如胶似漆难舍难分。鲎的前面生有4只大爪。雌鲎的爪像4把大钳，用于捕食；雄鲎的爪则像4只钩子，钩在雌鲎的背上，让雌鲎背着它东游西逛。在夏天产卵的季节里，雌鲎在明月之夜爬上岸边的沙滩产卵，雄鲎则紧随其后将精液排在卵上，完成传宗接代的任务，之后，雄鲎仍然伏在雌鲎的背上，又游回大海。

在南极，有一种阿德里企鹅，在它们性成熟之后，雄企鹅就要带着"礼物"去向雌企鹅求爱。它所携带的"礼物"虽然只是一些卵石之类的东西，却往往要到很远的沙滩上去寻找，然后用嘴将其衔回来，献给它所追求的雌企鹅，以表示自己的诚意和倾心。雌企鹅接受了雄企鹅的"礼物"后则表示接受了它的"爱情"。于是，它们便生活在一起。

天鹅和大雁都是终生相伴、感情专一的动物。在天鹅聚居的地方，人们可以看到一对对情侣白天并肩游戏、比翼齐飞，晚上则紧紧依偎、亲密双栖。生活在我国青海湖的斑头雁，在春天温暖的阳光下，雌雄常依偎在一起，互相用嘴梳理对方的羽毛，啄洗脸上的脏物。经过一段时间的相处，它们就结成了伴侣，一直白头到老。若有一只死去，另一只孤雁则终生不"娶"或不"嫁"。

"佛光"与"佛灯"

公元366年的一天傍晚，在中国西北部甘肃省敦煌市附近的一座沙山上，突然闪现出金光和千佛的奇异景象。当时这情景被一个叫乐尊的和尚无意中看到，乐尊和尚当即跪下行礼，并朗声发愿要把他见到佛光的地方变成一个令人崇敬的圣洁宝地。受这一理念的感召，经过工匠们千余年断断续续的构筑，终于成就了我们今天看到的举世闻名的文化艺术瑰宝——敦煌莫高窟！但是，佛光真是佛在显灵吗？

关于佛光的成因，许多学者提出过多种说法。中国科学院大气物理研究所的赖比星认为，当观察者处于太阳和云雾之间，三者位于一条直线上时，观察者就很有可能看到佛光环在云雾上显现。这个佛光环红色光圈在外，紫色光圈在里，其他相应的光圈介于红、紫色光圈之间。佛光环中间的"佛"其实就是观察者自己的影子。用光学的知识解释，就是光源（通常为太阳光）从观察者身后射来，在穿过无数组前后两个云雾滴时，前一个云雾滴对入射阳光产生分光作用，后一个云雾滴则对被分离出的彩色光产生反射作用。反射光向太阳一侧散开或聚集，任何一个迎接那些会聚而来的光线的点（即站在太阳和云雾之间的人），都可见到这种环形彩色光像，这就是佛光。只要光照较强，云雾滴半径较小、大小不一，一般都可见到多个明亮程度不同的光环。赖比星博士指出，敦煌的千佛实为人影在云雾中交互放射形成的多重影像。

佛光之谜在破译前固然神秘，但比佛光还要神秘的是佛灯。千百年来，中国的庐山、黄山、峨嵋山、青城山等名山，一直流传着佛灯（又名圣灯、神灯）之说。这些地方在月隐之夜，山下黑沉沉的幽谷间会突然涌现数十到数百点荧光，一个接着一个，越来越多，势如浪推潮涌般奔腾，貌似满天繁星般闪烁。荧光时大时小，时聚时散，忽明忽灭，忽东忽西，或近或远，高者天半，低者掠地。俄顷，便成了一片光海。佛灯之谜吸引了古往今来的许多文人、学者。在对佛灯的研究中，对其成因众说纷纭：有人认为这是山下灯光的折射；有的说是星光在水里的反射；有的说是山中蕴藏着能发出荧光的矿石；有的说是磷光；有人认为是一种大萤火虫在飞舞；有的解释说是某种气体在特定条件下的燃烧；还有的把它说成是寄生在树上的真菌类物质密环菌，在得到充分湿度和空气后与空气中的氧元素摩擦的结果。而在这种种解释中，最为普遍的是磷光说，即民间所说的鬼火。

那么，佛灯究竟是什么呢？1981年12月14日，庐山云雾所收到一位老飞行员郭宪玉的来信。他对佛灯的来源提出了一个全新的看法，认为它是"天上的星星反射在云上的一种现象"。郭宪玉说，夜间无月亮时在云上飞行，飞机下面铺天盖地的云层就像一面镜子。从上往下看，不易看到云影，只能看到云反射的无数星星。飞行员在这种情况下容易产生"倒飞错觉"，会感到天地不分，甚至是在头朝下飞行。从而他联想到天黑的夜晚，若有云层飘浮在大天池文殊台下，对天上的群星进行反射，就有可能出现佛灯现象。由于半空中的云层高低不一，飘移不定，所以它反射的荧荧星光也不是固定的，从而映出闪烁离合、变幻无穷的现象。

有学者研究了1976年发生在美国的一起鬼火案，对佛灯提出了新的见解。那年，美国新泽西州的一条铁路线，每到夜晚往往会在低空中突然出现一团团神秘的光球。起先，人们疑心为鬼火。后来，一些科学家对它的成因进行了研究。他们怀疑可能是铁路线上的钢轨在起作用，可是在钢轨拆除后鬼火仍然不断出现，这就证明与钢轨无关。后来，研究者把所有出现鬼火的地方全都标绘在地图上。这时，他们发现鬼火都出现在石英矿的断层带附近，显然这与石英的压电效应有一定联系。为了验证这一设想，他们使用了多种仪器来记录人工地震时可能产生的种种效应。果然，当地震发生时，仪器记下了石英因受压而产生激变电压并伴随出现无线电波辐射的现象。与此同时，红外摄像仪则拍下了鬼火的痕迹，从而证实了鬼火的产生确实与石英的压电效应有关。他们认为，由于长谷镇附近的断层是一种活动断层，当断层发生错位时，地下的石英受到压力，产生压电电荷。电荷聚集到一定数量便会放电，若放电足够强烈，就会使近地面的空气大量电离，温度骤升，放出熠熠光芒，出现一团团直径为5—100厘米的光球。美国的鬼火与中国的佛灯何其相似！那么，佛灯产生的机制是否和鬼火一样？虽然学者们还没有通过仪器来证实这一说法的科学性，但比起其他各种说法，它更趋合理。

● 相关链接

"鬼火"并不鬼

如果在酷热的盛夏之夜，你耐心地去凝望那坟墓较多的地方，也许你会发现有忽隐忽现的蓝色的星火之光。即所谓"鬼火"。甚至还有传说，如果有人从那里经过，那些"鬼火"还会跟着人走呢。

其实"鬼火"并不鬼。"鬼火"实际上是磷火，是一种很普通的自然现象。它是这样形成的：人体内部，除绝大部分是由碳、氢、氧三种元素组成外，还含有其他一些元素，如磷、硫、铁等。人体的骨骼里含有较多的磷化钙。人死了，躯体埋在地下腐烂，发生着各种化学反应。磷由磷酸根状态转化为磷化氢。磷化氢是一种气体物质，燃点很低，在常温下与空气接触便会燃烧起来。磷化氢产生之后沿着地下的裂痕或孔洞冒出到空气中燃烧，发出蓝色的光，这就是磷火，也就是人们所说的"鬼火"。

那为什么"鬼火"还会追着人"走动"呢？大家知道，在夜间，特别是没有风的时候，空气一般是静止不动的。由于磷火很轻，如果有风或人经过时带动空气流动，磷火也就会跟着空气一起飘动，甚至伴随人的步子，你慢它也慢，你快它也快。当你停下来时，由于没有任何力量来带动空气，所以空气也就停止不动了，"鬼火"自然也就停下来了。这种现象绝不是什么"鬼火追人"。

动物界的建筑大师

建筑艺术是人类文明发展的重要标志，动物王国里也有许多天才的建筑大师。它们既能修建隔离墙，又能用浆果汁粉刷大门；它们既能为自己的女王设计宫殿，也能为后代建造带有阳台和儿童间的公寓套间，甚至能建造壮观的"高层公寓"……它们用的建筑材料都取自大自然：粘土、小石子、树叶、草秆和动物皮毛等，而密封材料往往就是它们自己的唾液。

● 白蚁：顶级大师擅建"摩天楼"

动物王国的顶级建筑大师——白蚁，用自己的巨额数量弥补了它们在块头上的不足。蚁王每15秒就会生产一次，所以它们是不会缺少工人来建造家园的。白蚁的建筑工程极其烦琐复杂，整个白蚁城堡都是由唾液、泥土和粪便的混合物建成的，而且所有这些材料都需要在它们的嘴里进行调和。这份工作也许不够清洁，但这种混合物却像混凝土一般坚固，而且它们还能浇铸成非常棒的房屋内部结构。比如空调系统、带顶的过道和花园等等。不过它们的建筑物是没有窗户的，因为白蚁生下来就看不见东西。难怪在谈到建筑物的时候，人们会认为白蚁是动物王国当之无愧的顶级建筑师。

● 海狸：垒水坝可防汽车撞

说到大型建筑，没有什么能与大坝相比，而在自然界中，有一种动物生来就是建造大坝的天才。海狸已经有500万年建造大坝的历史了，它们建造的大坝能够达到304米。而且坚固程度足以抵挡1辆家用汽车的撞击。

海狸喜欢待在水里，为了安全起见它们会把家建在自己围成的人工湖里，这个住所就像是城堡，而周围的护城河则是海狸的花园，里面满是它们喜爱的各种食物。这种啮齿动物的锋利牙齿威胁着所有的树木，它们用树木建造自己的家园。它们能在15秒钟之内将一根擀面杖粗的木头咬断。依靠这种凿子一般锐利的牙齿，这些动物仅在一个冬天就能够毁掉几百棵树木。

●蜜蜂：采集花粉写建筑传奇

蜜蜂是当之无愧的一流建筑工程师，它们从花朵上收集蜂蜜和花粉，然后将这种原材料转变成蜂蜡这一非凡的建筑材料。蜂巢完全是用蜂蜡搭建成的，蜂巢内部是一排排的蜂房，这些蜂房是用来储存食物的，所以称它为蜂窝。一个一般规模的蜂巢大约由1公斤重的蜂蜡建成。

如果你想知道这些蜂蜡是从哪里来，你就必须仔细观察蜜蜂的尾部。蜜蜂靠腹节之间的腺体分泌蜂蜡，然后利用它们建造蜂巢。但这件事并不容易做到，要知道，蜜蜂一次生产的蜂蜡还不及针尖大。储存0.4公斤的建筑材料大约需要50万滴这样的蜂蜡，而且每一滴蜂蜡都必须小心浇铸到六边形的蜂房里，这样的蜂房总共有近10万个。

●鹦鹉螺：深水房屋承压无敌

如果你想在深水中建造房屋，那你就要承受很大的压力，因为每下潜30米，你就要多承受20公斤的压力，不过，有种动物却能对这种现象应付自如，它们就是——鹦鹉螺。

这种奇异的软体动物一般生活在海下304米深的地方，鹦鹉螺之所以能成为建筑专家，是因为它们仅仅靠分泌碳酸钙就能建造一个外壳来穿越深邃的海洋。它们游得越深外壳承受的压力也就越大。鹦鹉螺所能承受的压力是有限的，如果它的下潜深度超过457米，它们的外壳就会爆裂，可是，它们的外壳只有大约1毫米厚，它们能靠它深入到304米的海下，这是相当了不起的。现代科幻小说家一直梦想着在深海建造家园，但到目前为止那个奇异的世界只属于鹦鹉螺。

●园丁鸟：奇妙鸟巢能用百年

一只鸟如果像一名顶级设计师，那该是大自然多么引以为豪的事情，它们创造了世界上最华美的爱的小屋，而且拥有漂亮内部设计的高品质建筑物。在澳大利亚和新几内亚岛上共有19种园丁鸟，它们会用不同的建筑手法构造美丽的家园来吸引自己的配偶。

在非洲平原上，喜好群居的织巢鸟会在高高的树上，建造一个巨大的巢穴。这种巢穴足有1吨多重，堪称公寓楼，里面能住400多只鸟。这样的巢穴，可以被使用100年，任何建筑师无论如何也比不上织巢鸟，因为它们仅用干草就建成了能够维持100年之久的巢穴。

●类人猿：编织新床炫耀智慧

如果你认真观察类人猿就会发现它们在遇到难题的时候都会使用工具来帮助自己，极少有动物能够有这样的举动。不过，类人猿最出色的作品就是它们的床。傍晚时分，猩猩会爬到高高的树冠上，找到一棵新树，然后开始编织一张新床。它们每天都在森林里穿行，所以不得不每天搭一张新床。算下来，它们一生要搭1.5万多张床。

●相关链接

"大师们"的"杰作"

球型宫殿：非洲文鸟用喙和脚巧妙编织而成的圆巢，是从一个圆支架做起，形成一个圆球后再将其悬挂在树枝上。

稳定的轻质结构：田蜂筑造的纸盒型巢十分精巧，它虽然是一种轻质结构，但有令人难以置信的稳定性。

完美的胶合：织网蚁的巢是用树叶粘合而成。它们的幼虫能够吐出粘合剂，是理想的"胶水瓶"。

树上圆塔住宅：楼群居雀的居所看起来就像架在树上的一个摇摇欲坠的柴草堆，但其结构十分牢固，能够维持几十年，经常是到树不堪重负被压断为止。

树杈上的"灶"：灶鸟的巢是用粘土砌成的，一般选在较为安稳的树杈上。一个巢大约需要2 500粒粘土，都是灶鸟用喙衔来的。

平台建筑群：热带无刺蜂用蜂蜡建筑蜂巢，层层叠叠结合在一起，通常有40层，能够安置10万户"居民"。

蜜蜂的舞蹈语言解码

蜜蜂经过几千年的进化，实现了相当高级的社会性生活方式。个体分化成几种生理和职能均显著不同的类别，有一类雌蜂专司育幼采集食物等职能，称为工蜂。当工蜂的"先头部队"外出觅食找到食源之后，会飞回蜂房，通过一种复杂的近似舞蹈的运动形式将食物的方位距离等信息相互传达，这在某种程度上承载了语言传递信息的功效，称之为"舞蹈语言"并不为过。

蜜蜂的这一奇特行为早在两千多年前就为人类所注意。直到20世纪初，奥地利的动物学家弗里施将这一研究大大推进。

他的研究认为。蜜蜂以一种精密编码为手段来得知哪里有食物。这一舞蹈是在蜂房的垂直面上表演的。如果它找到的食物很近，那么很简单，它就急促地兜小圈圈，同伴们就会争先恐后的飞出蜂房，在四周寻觅。

真正的通讯发生在食物较远的情况下。这时，跳舞蜂必须把食物的方位和距离相对精确地告诉大家，才不至于让同伴迷失方向，保证蜂群采食的效率。这一对于人类轻而易举的行为对蜜蜂而言却显得有些困难。

侦察蜂在离蜂巢约50米以内较近的地方采回花蜜时，它返回巢内在同伴中间安静地呆一会，然后用弗里施的规则跳着蜜蜂舞，用翅膀发出声音讯号，慢慢把采到的花蜜从蜜囊里返吐出来，挂在嘴边，身旁的同伴们用管状喙把它吸走，以便知道食物的气味、味道和种类。然后，它在一个地方就跳起舞，即兜着小圆圈，迅速而急促地一会儿向左转圆圈，一会儿向右转圆圈。离舞蹈蜂最近的几个同伴也急促地跟在它后面爬，并用触角触到舞蹈蜂的腹部。圆舞的意思是蜂巢附近发现了蜜源，动员它的同伴们出去采集。第一批新参加的采集蜂采了花蜜返回蜂巢后，它们也照样跳起圆舞。蜂体上附着的花蜜里含有的花香气味，对它们也是一种信息。

蜜蜂如果在离蜂巢100米以上较远的地方采到花蜜时，它返回巢内吐出花蜜后，就跳起8字形的摆尾舞。这种舞蹈既可以指出蜜源的方向，还能指出离蜂巢的大概距离。

如果蜜源位于太阳的同一方向，它在巢脾表面先向一侧爬半个圆圈，然后头朝上爬一直线，同时左右摆动它的腹部，爬到起点再向另一侧爬半个圆圈。如此反复在一个地点做几次同样的摆尾舞，再爬到另一个地点进行同样的舞蹈。它的同伴就知道，出巢后朝着太阳飞就会找到蜜源。如果蜜源位于与太阳相反的方向，它作摆尾舞时，在直线爬行摆动腹部时头朝下。蜜源位于与太阳同一方向但偏左呈一定角度时，它在直线爬行摆动腹部时，头朝上偏左与一条想像的重力线也呈一定角度。如果蜂箱坐北朝南，蜜源位于正南方100米以外，由于地球自转太阳在天空的位置在一天中随着时间不同而改变。在上午10时，蜜源位于太阳右方的一定角度，这时舞蹈蜂在直线爬行摆动腹部时，头朝上偏右与重力线呈同样的角度；12时，太阳、蜜源与蜂箱呈一条直线，蜜蜂在直线爬行摆动腹部时，头朝上与重力线重合；16时，蜜源、蜂箱与太阳呈90°角时，舞蹈蜂的头向左偏与重力线也呈90°角。

舞蹈隐含的秘密在于爬直线时，它的腹部会左右摆动，仿佛在提示同伴要注意观察了："嗨！这个方向有好吃的。"

蜜源与蜂巢的距离和舞蹈动作的快慢有直接关系。距离越近，舞蹈过程中转弯越急、爬行越快；距离越远，转弯越缓，动作也慢，直线爬行摆动腹部也越显得稳重。蜜源距离为100米时，在15秒内，蜜蜂舞蹈的直线爬行重复9—10次；若是500米，重复6次；1000米时重复4—5次；5000米时重复2次；达到10000米时，直线爬行，只有1次左右。

在"倾听"了舞者的表演之后，其他的蜜蜂从黑暗中来到蜂巢门口，观察太阳的方位，随后出发。

动物是这样"说话"的

利用排泄物进行通讯，可以归为"化学通讯"的领域。除排泄物之外，以腺体分泌物来传递信息，在动物之中也比较普遍：大熊猫抬起屁股，后肢使劲趴在树干上，将肛周腺分泌物涂抹在树上；羚羊将眶前腺分泌物涂抹在灌木丛或草丛中。

动物用于进行化学通讯的分泌物，被统称为信息素，除了吸引异性和标注领地之外，也可起到示警、号召同类聚集等作用。昆虫是信息素的使用大户——雌性舞毒蛾靠信息素，可以把400米以外的雄性吸引过来；一只雌松叶蜂被关在笼子里，可以招引11000多只雄松叶蜂。在昆虫之中，如蝉或蟋蟀一般利用声音通讯的毕竟是少数，更多昆虫使用信息素进行化学通讯，对于体形小巧的昆虫，化学通讯可以传递到更远处，也可以在种类繁多的近亲之中，区分出与自己种类完全相同的异性。

●接触通讯：身体触碰的交流

猴子之间互相"挑虱子"的情形，在动物园或者科普影视中，都是十分常见的。这种理毛行为就是接触通讯——靠身体接触说话！灵长类都有理毛行为，包括我们自己，有时也很乐意为好友梳头。梳理毛发的主要目的，并不是找虱子或是吃盐粒儿，而是一种超越语言形式的交流，传达彼此接受、友好或者顺从的信息。灵长类间的肢体语言最多，它们互相倚靠、接吻、舔舌、拥抱、轻轻抚摸或拍打，达到彼此间的交流和互通。

饲养在笼子中的虎皮鹦鹉，经常向人展现彼此之间的"恩爱"：一对雌雄虎皮鹦鹉经常相互倚靠在一起，时不时地总在接吻，好不甜蜜！其实鸟与鸟之间的接吻、用喙梳理羽毛等接触，都是在表达自己的善意和友好。有些养鸟人为了"讨好"宠物鸟，也会特意去挠鸟的头部，这时鸟大多会表现出惬意的模样——挠、梳理或者抚摸，是人类和宠物们沟通的常用方式之一。

低等动物中也有接触通讯的例子：雄螳螂被雌螳螂咬断了头，却反而刺激和加快它们之间的交配。与螳螂近似，雌狼蛛在交配时也有吃掉雄性的习惯，因此当雄性狼蛛在接近雌性时，会格外小心地进行试探，以接触通讯的方式告诉对方："我是来讨你欢心的，不要吃掉我啊！"

● 电通讯：以电流为语言

"你电到我了！"这一逐渐流行开来的语言，实际表述的是对方的眼神或者气质，令自己有所触动——若是归类，这里说的"电"应当算作视觉通讯。而动物之间的电通讯，用的可是实实在在的电流！这种通讯方式，只有一些特殊的动物才会选用，比如电鳗。

用电流进行沟通，自然要有放电器官。电鳗的放电器官在尾部，可输出高达800伏的电压，它们能够在身体周围制造电场，感知附近的事物，并与同类进行交流。电鳗放电频率、放电时间、放电间隔、电场强度等的不同，都暗示着不同的"说话"内容。在谈情说爱的季节，雄性电鳗的放电频率明显增加，放电间隔变短；捕猎的时候，电鳗会改变电量输出，以极高的频率和极大的电量放电，通知同伴前来聚餐。

动物的隐身术

大自然中，生存并非易事，猎物和猎手之间不仅是力量、速度上的对抗，在形态和体色等"软件系统"上它们也一直在进行着微妙的斗争。无论是强大的猎手还是柔弱的被捕食者，它们都在想尽办法让自己"隐身"到环境之中，从而为躲避天敌或进攻猎物提供先发制人的机会。

昆虫体形小，反抗能力有限，但它们的味道又十分鲜美，是令众多小型食肉动物垂涎三尺的美餐。为了生存，它们必须小心谨慎，尽量不被敌人发现，只有这样，才能获得更多的生存机会。长期的进化使得它们个个都成了这方面的专家，枝、叶、茎、花……都是它们的模仿对象。

让我们先来看看蝗虫的伎俩。身处不同的环境中，蝗虫的命运可能会截然不同。停落在裸露的黄色沙土地上，它那绿色的身体显得格外突出，而蝗虫仿佛也"知晓"哪个地方不宜久留，飞身一跃跳入草丛中，瞬间"消失"了。其实它并没有走远，落地后几乎再没有移动过，是巧妙的保护色让它有了瞬间遁形的本领。此刻，只要它不挪动身体，几乎就不会被敌人发现。在这里，蝗虫身上那些杂乱无章的图案俨然就是最好的保护色。

除了伪装技巧"大名鼎鼎"的枯叶蝶，其他许多鳞翅目的昆虫同样有着高超的伪装技巧。霜天蛾翅膀上的图案将它们埋藏在榆树树干的纹理之中，成了它们最理想的隐蔽工具，不费吹灰之力，便能销声匿迹。许多色彩暗淡的鳞翅目幼虫都喜欢把自己打扮成枝条的样子，野蚕也不例外，1秒前还在啃食着嫩叶的野蚕，当树枝稍微晃动一下时，便立刻伸直了身子，一动不动地待在那。此时此刻，谁又会在意这根貌不惊人的"短树枝"呢？

隐身术对昆虫的益处并不只局限于躲避敌害，有时候，它也是捕食性昆虫狩猎成功的制胜法宝。螳螂有着自己的一套生存手段。对于它们来说，保护色和拟态起着双重功效：面对敌人，螳螂可以迅速隐身逃脱追捕；面对猎物，螳螂又可以悄悄潜行，迅猛出击。

千禧石纹螳依靠着出色的伪装，巧妙地融进了环境之中。除了偶尔抖动一下触角，几乎很难把它从斑驳的树皮中分辨出来。对于它的敌人来讲，这似乎只不过是一块毫无利用价值的"枯树皮"；而对于其他靠近过来的小型昆虫，这却是一个不折不扣的死亡陷阱。

事情并没有特别绝对的，昆虫的隐身术也同样，它不可能每时每刻保证百分之百的发挥功效。有时，一个很偶然的不确定因素就会让它们在此之前所做的一切努力化为乌有。鸣蝉虽然不像竹节虫那样有着特殊的体态，也不像霜天蛾那样披着"树皮"衣衫，但它的隐身技术也不完全处于下风，只要不动，它的外形也很容易隐藏在树干之上。但它很不踏实，特别是发情的雄蝉，为了找到伴侣，它经常会边歌唱，边在树干上爬来爬去寻觅。移动的蝉吸引来一只饥饿的螳螂，它晃动着身子朝鸣蝉靠了过来，迅速出击后，蝉再想逃跑为时已晚，好动的毛病完全抵消了隐身术的作用。事情可能并不像想象的这么简单，这只螳螂看起来得到了一大块美味，仿佛它取得了彻彻底底的胜利，但不要忘记，绿色的螳螂为了这顿美餐离开了绿叶间的隐匿场所，也同样暴露了自己的身影。在枝干上，它那翠绿的外衣似乎毫无用途，难怪有"螳螂捕蝉，黄雀在后"的成语。

不仅仅是昆虫，其他动物在伪装技巧方面做得也毫不逊色。雨林中的物种总有许多显得有些稀奇古怪。在海南岛的山地雨林中，一对锯腿小树蛙正专心地享受着属于它们自己的甜蜜时光，对周围的动静显得有些不屑一顾。远远望去，它们更像是树皮上的一块霉斑，而不是两个有血有肉的小家伙儿。而这根朽烂的树枝乍看起来并无特别之处，其实不然，奥秘就在这树枝的表面。爬行动物遇到温度较低的天气通常都会蛰伏不动，它们要么躲入洞中，要么潜到水底，总之，低温直接导致了它们活动能力下降，寻求安全的避难所显得至关重要。当然，也有一些技艺高超的伪装专家就地取材便能表演得出神入化。同样是在海南岛，冬季高海拔地区气温仍然较低，斑飞蜥无法使自己活跃起来，此时，静止忍耐仿佛是最好的抵抗低温的做法。有了超乎寻常的保护色，它看起来并不担心被敌人发现，就呆在这么暴露的地方悄然入梦了，真是"隐高者胆大"。

黄苇鳽是郊区苇塘中常见的涉水鸟，那对超长的大脚使它们能够自由地在苇丛间穿行，如果遇到不确定的情况，它们不会马上惊飞，而是原地不动，同时伸直头颈。此时，下体的几条深色纵纹将它们的身影恰如其分的隐藏到了环境当中，借此来迷惑对方。通常情况下，都是我远处发现它就站在那里，可到了近前却是寻它不见，再仔细寻找时，它却忽地一下从脚下两米多远的地方起飞了，把人吓了一跳。再来看看这只大麻鳽，它仿佛是黄苇鳽的大型翻版，并且保护色在它身上得到了更为长足的提高，它们的胆子也更大，有时人就从它身边1米多远的地方经过。它也一动不动，毫无惊慌之感，看来真是对自己的伪装技巧自信得过头了。

沙锥是另一类令人眼花的鸟。当扇尾沙锥发现人们在靠近它时，便立即停止了活动，压低身子卧在水中的一块草堆中。当我们忙于低头看路，等再抬起头来寻找，发现目标已经不见了。我们只好原地不动仔细搜索，终于发现了，原来它还待在原处，正偷偷探头打量着我们，它身上的斑纹差一点又一次欺骗了我们。

最后，我们再来看看猫头鹰。它的角色和螳螂有点相似。它既是小型动物的杀手，又是其他较大食肉动物的猎物，特别是在白天，和大多数猫头鹰一样，红角鸮只是一动不动地站在树枝上，此刻，如果被其他猛禽发现，红角鹗逃脱的机会非常小。不过它的保护色此时又发挥了作用，斑驳的羽毛虽然看上去其貌不扬，但却非常实用。可以说只要它不动，几乎很容易把它当做一块粗短的枝杈，羽毛上的碎斑与粗糙的树皮纹路十分相似。就这样，白天红角鹗隐匿在大树之上，自信得意地眯缝着眼睛，静静地等待黑夜的到来。

会跳舞的植物

提起跳舞草，人们一定觉得很奇怪，人会跳舞，动物会跳舞，难道植物也会跳舞吗？会的。在我国南方，有一种草叫长叶舞草，是多年生草本植物，属豆科，高约0.3米高，在奇数的复叶上有3枚叶片，前面的一枚大，后面的两枚小。这种植物对阳光特别敏感，当受到阳光照射时，后面的两枚叶片马上像羽毛似的飘荡起来。在强烈的阳光下尤其明显，大约30秒钟就要重复一次。因此，人们把这种草又叫"风流草"、"鸡毛草"和"跳舞草"。

跳舞草是一种快要绝迹的珍稀植物，是一种多年生落叶灌木，野生的主要分布于四川、湖北、贵州、广西等地的深山老林之中。它树不像树，似草非草，地植高约100厘米，盆栽高约50厘米左右。茎呈圆柱状，光滑，各叶柄多为3枚叶片，顶生叶长6—12厘米，侧生一对小叶长3厘米左右。花期在8—10月，小花唇型、紫红色，荚果在10—11月成熟，种子呈黑绿色或灰色，种皮光滑具蜡质。该植物对外界环境变化的反应能力令人惊叹不已。如对它播放一首优美的抒情乐曲，它便宛如婷婷玉立的女子，舒展衫袖情意绵绵地舞动。如果你对它播放杂乱无章、怪腔怪调的歌曲或大声吵闹，它便"罢舞"，不动也不转，似乎显现出极为反感的"情绪"。

除跳舞草之外，还有会跳舞的树。在西双版纳的原始森林里，有一种小树，能随着音乐节奏摇曳摆动，翩翩起舞。当有优美动听的乐曲传来时，小树的舞蹈动作就婀娜多姿；当音乐强烈嘈杂时，小树就停止了跳舞。更有趣的是，当人们在小树旁轻轻交谈时，它也会舞动；如果大声吵闹，它就不动了。

据科学家研究认为，跳舞草实际上是对一定频率和强度的声波极富感应性的植物，与温度和阳光有着直接的关系。当气温达到24℃以上，且在风和日丽的晴天，它的对对小叶便会自行交叉转动、亲吻和弹跳，两叶转动幅度可达180度以上，然后又弹回原处，再重复转动。但是跳舞草只喜欢听高雅的音乐，当气温达28℃至34℃之间，尤其上午8—11点和下午3—6点，特别雨过天晴、阴天跳动更具戏剧性，全株叶片如久别的情人重逢，双双拥抱，又似蜻蜓点水上蹿下跳，温柔之至。当夜幕降临时，它又将叶片竖贴于枝干，紧紧依偎，犹如静静休息。这一奇特现象堪称世界一绝，中外奇观。利用跳舞草这种自身运行的特异功能，制成盆景可供人们观赏。

这种草跳舞的奥秘是什么？这一直是植物学家们探讨的问题。植物学家普遍认为与阳光有关，有光则舞，无光则息，就像向日葵冲着太阳转动头茎一样。具体深入研究，还有各种分歧：有人认为这是由于植物体内生长素的转移，从而引起植物细胞的生长速度的变化造成的。也有人认为是由于植物体内微弱的生物电流的强度与方向变化引起的。这都是从植物内部找原因。也有人从外部找原因，认为这种草生长在热带，为了避免体内的水分蒸发掉，所以当它受到阳光照射时，两枚叶片就会不停地舞动起来，极力躲避酷热的阳光，以便继续生存下去。这是它们为了适应环境，谋求生存而锻炼出来的一种特殊本领。还有人认为这是它们自卫的一种方式，是阻止一些愚笨的动物和昆虫的接近。关于这种草跳舞的真正原因是什么，至今还没有一致的意见。要解开这个谜还需植物学家们继续深入探索。

● 相关链接

音乐树：浙江省乐清县有一棵近千年的古樟树，高达20米，主干内部已空，根部有大小、深浅、形状、方向各不相同的几个洞，若分别敲击便会发出不同的声音。有的声音深厚悠扬，宛如打鼓；有的声音清脆悦耳，恍若吹笛。整棵树干则是一个活的共鸣箱。

竹笛树：乌干达的奔拉森林中有一种竹笛树。其树顶长的枝条都是双夹式的，中间有一层薄膜蒙住，一面露出一条细缝，微风吹来，拂动枝叶，如同竹笛鸣乐合奏。

歌树：非洲有一种会唱歌的树，身挂柔软枝条，生着薄薄的叶片。风吹过时，枝条袅娜，叶片相互碰击会发出高低悠扬的声音。

吹笛花：在非洲扎伊尔湖的水面上有种荷花，它的花盘大如斗，在花的茎部有4个气孔，气孔的内壁覆盖着一层润湿的花膜，像贴在笛孔上的芦膜一样。当微风吹来时，气流进入气孔、振动了花膜，就发出了响声，好似笛音。

红蟹的迁徙之路

在印度尼西亚爪哇岛以南360公里的印度洋上，有一座面积135平方公里的小岛——圣诞岛。圣诞岛面积的三分之二覆盖着热带雨林。在森林中，居住着大约1.2亿只螃蟹，其中有一半是红蟹。红蟹吃树木的落叶和树上掉下的果实。一只红蟹重约1公斤，蟹壳直径10厘米。它们的螯非常坚硬，可以刺穿轧到它们的汽车轮胎，尖锐得令人害怕。

红蟹主要生活在岛上热带雨林里，它们藏身于湿润的沙土中，以保持身体的湿度。在每年的10月份，圣诞岛就进入了雨季，正是红蟹产卵的季节。此时，蛰伏在洞穴里的红蟹似乎听到了爱情的召唤，成百万上千万的红蟹从森林里的洞穴中冲出来，浩浩荡荡地爬向海边，去搭建爱巢，寻找配偶。

红蟹选择这个季节去相亲，不但有利于保持身体的湿度，而且此时的大潮汐也能把母蟹排出的卵顺利带入大海。从红蟹的栖息地到海边的沙滩，不足3公里的距离，是红蟹们寻觅爱情的必经通道，也是一条充满凶险的艰难旅程。红蟹大军遍布公路、铁路，每年都有大量不幸的红蟹被车轮轧死，但是这股红蟹洪流仍然勇往直前，势不可挡。

红蟹上路了，铺天盖地。浩浩荡荡的红蟹，像一块移动的红地毯。它们趁着清晨的阴凉，以每小时700米的速度，从树林里出发，蟹脚掀动树叶的声音，如一阵疾雨掠过树林。

当红蟹们爬出树林时，赤道的烈日已经等候它们多时了，它们仿佛一下子就进入了50℃以上的烤炉里，毒辣的太阳光迅速地蒸发着它们身上的水分，为了不被烤干，它们加快速度向海边爬行。但是，爬行在队伍后面的那些老、弱、病、残蟹，却无法经受这种"烤"验，暴晒使它们的身体迅速脱水，它们再也无力爬行了，只能带着对爱情的渴望，永远搁浅在通往海滩的路上。

活下来的红蟹们，仍不能松懈，因为它们马上就会迎来下一个生死考验：那是几条运送矿石的铁轨，横亘在它们前行的路上，这些发着亮光的铁轨，在太阳的烘烤下，可以达到80℃，从上面经过，无异于经受炮烙之刑。所以，红蟹们跨越这些铁轨时的速度一定要快，而那些腿脚不利索、爬行速度慢的红蟹，则会被烙得直冒烟。每次蟹群经过铁轨，都会在附近留下大量红蟹的尸体，而每只死去的红蟹，头都朝着海滩的方向，它们的身体还依然保持着爬行的姿势。

经过铁轨后，海滩就只有百米之遥了，但它们还要经历最后一次生死考验，因为它们还要穿过一条高速公路，命运好些的红蟹，逢路上无车经过，就算顺利过关了。而总有一些命运差的，会被碾在快速行使的汽车轮子下面，每年迁徙的季节里，总有成千上万的红蟹被碾压而死，黑色的路面上，红蟹们用生命涂画着一片片悲壮的红色。

经过这一路光与热的洗礼、生与死的考验，当红蟹们最终到达海边时，它们的数量已经不多了。它们在海滩上筑起爱巢。母蟹在交配后，便进入海水中产卵。它们用后腿站立，打开后盖，把红色的卵产在海水里。有些母蟹由于入水太深，会在产完卵后来不及返回陆地而死亡。蟹卵随水漂流，孵化成小蟹。小蟹在水中生活大约25天后，便爬上岸来，数百万只小蟹又成群结队地涌向它们父母生活的森林。

据统计，每年都有超过500万只的红蟹，长眠在这条不足30公里的路上，这个数量达到了岛上红蟹种群的1/10。为了海边上那短暂的爱情之约，为了下一代的繁衍生息，红蟹们前仆后继，殒身不恤，令人惊叹。

这是一条危机重重的死亡之路，但红蟹的爱与责任，让它成为一条灿烂动人的爱情之路。

预报天气的植物

"人不知春鸟知春，鸟不知春草知春"。人们发现，不仅许多动物有洞天察地的本领，而且一些植物也有这种"奇术"。在植物王国里，有些成员竟能像气象台那样预报天气。

在我国西双版纳生长着一种奇妙的花，当暴风雨将要来临时，便开放出大量的花朵，人们根据它的这一特性，可预先知道天气变化，因此大家都叫它"风雨花"。风雨花又叫红玉帘、菖蒲莲、韭莲，是石蒜科葱兰属草本花卉。它的叶子呈扁线形，像韭菜似的长叶，弯弯悬垂。鳞茎呈圆形，较葱兰略粗。春夏季开花，花为粉红色或玫瑰红色。风雨花原产墨西哥和古巴，喜欢生长在肥沃、排水良好、略带粘性的土壤上，不耐寒冷。

那么，风雨花为什么能够预报风雨呢？原来，在暴风雨到来之前，外界的大气压降低，天气闷热，植物的蒸腾作用增大，使风雨花贮藏养料的鳞茎产生大量促进开花的激素，促使它开放出许多花朵。

在澳大利亚和新西兰，生长着另一种奇花，也能预报晴天还是雨天，所以人们称它为"报雨花"。这种花非常像我国的菊花，花瓣呈长条形，有各种不同的颜色和花姿，二者所不同的是，报雨花的花朵比菊花大2—3倍。

科学家通过研究发现，报雨花能预报晴雨的奥秘是：它的花瓣对湿度比较敏感，当空气湿度增加到一定程度时，其花瓣就会萎缩，把花蕊紧紧地包起来；而当空气湿度减少时，它的花瓣又会慢慢地展开。当地居民在出门之前，总是要看一下报雨花，如果花开就不会下雨，如果花萎缩，就预示着将会下雨，因此人们亲切地称它为"植物气象员"。

花儿知晴雨，草木报天气。多年生草本植物结缕草和茅草，也能够预测天气。当结缕草在叶茎交叉处出现霉毛团，或茅草的叶茎交界处冒水沫时，就预示要出现阴雨天。因此，有"结缕草长霉，天将下雨"；"茅草叶柄吐沫，明天冒雨干活"的谚语。

有趣的是，草不仅能预报天气，而且还能测量气温。在瑞典南部有一种"气温草"，它竟能像温度计一样测量出温度的高低。这种草的叶片为长椭圆形，花为蓝、黄、白三色，所以又叫它"三色堇"。它的叶片对气温反应极为敏感，当温度在20℃以上时，叶片向斜上方伸出；若温度降到15℃时，叶片慢慢向下运动，直到与地面平行为止；当温度降至10℃时，叶片就向斜下方伸出。如果温度回升，叶片又恢复为原状。当地居民根据它的叶片伸展方向，便可知道温度的高低。

更为有趣的是，大树也能预报天气。在我国广西忻城县龙顶村，有一棵100多年树龄的青冈树，它的叶片颜色随着天气变化而变化：晴天时，树叶呈深绿色；久旱将要下雨前，树叶变成红色；雨后天气转晴时，树叶又恢复了原来的深绿色。当地居民根据树叶的颜色变化，便可知道是阴天还是晴天，故人们称它为"气象树"。

科学家经过研究，揭开了这棵青冈树叶颜色变化能预报天气之谜。原来，树叶中除了含有叶绿素之外，还含有叶黄素、花青素、胡萝卜素等。叶绿素是叶片中的主要色素，在大树生长过程中，当叶绿素的代谢正常时，便在叶片中占有优势，其他色素就被掩盖了，因此叶片呈绿色。由于这棵青冈树对气候变化非常敏感，在长期干旱即将下雨前，常有一段闷热强光天气，这时树叶中叶绿素的合成受到了抑制，而花青素的合成却加速了，并在叶片中占了优势，因而树叶由绿变红。当雨过干旱和强光解除后，花青素的合成又受到抑制，却加速了叶绿素的合成，这样叶色又恢复了原来的深绿色。

在安徽和县大滕村旁有一棵奇树（当地人叫它"朴树"），株高7米，树围3米多，树冠覆盖面积达100多平方米，它也是一株名副其实的"气象树"。根据其发芽的早迟和树叶疏密即可知道当年雨水的多少。如谷雨前发芽，且芽多叶茂，即预示当年雨水多，往往有涝灾；如正常发芽，且叶片分布有疏有密，即预示风调雨顺；如推迟发芽，叶片也长得少，则为少雨年份，常常出现严重旱灾。

实践证明，它的预报很准确。例如，1934年这种树推迟到农历6月份才发芽，结果和县出现特大旱灾；1954年它发芽又早又多，那年和县发了大水；1978年它推迟到端午节才发芽，果然又是大旱年。

● 相关链接

植物界的"气象员"

柳树：如果柳树萌芽时间提前，表明春季温度回升快，气温偏高；萌芽的时间推迟，则说明温度回升慢，气温偏低。

含羞草：用手碰一下含羞草，如果它的叶子闭缩得快，张开还原慢，说明天气将连日晴朗；反之，天气将转阴雨。

古柏树：每当久晴转雨或久雨转晴，古柏树树枝上都会冒出青烟，向人们预报天气的变化。

青苔：在大雨之前，由于气压剧降，水面上压力减少，河塘苔藓就会浮出水面。所以，农谚有"水底泛青苔，必有大雨来"的说法。

雨蕉树：在多米尼加生长着一种叫雨蕉树的植物，它比香蕉树要高大。每当快要下雨时，雨蕉树的叶子上就会流出一颗颗水珠来，这时人们就知道要下雨了。因为它能预报天气，人们还称它为"晴雨树"。因为雨蕉树的叶子组织细胞非常紧凑而细密，叶片和树干上都像涂了蜡似的，这是用来保护树内的水分不被蒸发掉。当天气变化为湿度大，温度高，空气里的水蒸气接近饱和而又少风的季节时，雨蕉树的蒸腾作用受到抑制，体内的水分不容易排出，就会通过叶子溢出，形成了水滴，不停地从叶面往下落，这便是一种"吐水现象"。

金合欢的敌人与朋友

在非洲东部的大草原上，生长着许多金合欢树。其中有一种金合欢树除了像其他金合欢树一样长满了锐利的刺，还长着一种特殊的刺，刺的下端膨大，里面是空的，风吹过时，发出像哨子一样的声音，所以它们被叫做哨刺金合欢。

金合欢之所以遍布锐刺，是为了防止食草动物吃它们。不过这可难不倒长颈鹿等大型食草动物。长颈鹿的舌头能够小心翼翼地躲开刺，去吃金合欢树上的嫩叶。哨刺金合欢还有第二条防线：在哨刺里头，住着一种褐色的小蚂蚁，它们的腹部能往上举，所以叫举腹蚁。长颈鹿吃树叶时扯动了树枝，让举腹蚁觉察到了，它们便蜂拥而去，拼命地叮咬长颈鹿的舌头，迫使长颈鹿离开。

举腹蚁为什么这么爱护金合欢树呢？因为金合欢树是它们的家。那里的土壤在雨季来临时灌满了水，而到了旱季则变得干裂，因此不适合蚂蚁在地下建巢。举腹蚁便把家安在了金合欢树上，住在空心的刺里头。金合欢树为了留住蚂蚁当保护神，还为它们准备了美味食物：在树叶基部有蜜腺分泌蜜汁供举腹蚁享用。

除了这种褐色举腹蚁，还有两种举腹蚁（一种颜色偏黑，一种黑头红腹）和一种细长蚁也以哨刺金合欢为家。一棵金合欢树上只能生活一种蚂蚁。如果有两种蚂蚁撞到了一起，它们就会展开你死我活的决斗，直到有一方独霸金合欢树。在战争中，褐色举腹蚁往往占优势，大约50%的哨刺金合欢树都被这种举腹蚁占据。黑头红腹举腹蚁则在战斗中经常落败，它们采取了一种自我保护策略，把金合欢的侧芽咬掉，让金合欢长不出侧枝，不会和旁边的金合欢树碰在一起，也就不会把其他树上的蚂蚁给引过来。细长蚁也经常在战斗中被打败，它们干脆采取焦土政策，把金合欢树上的蜜腺都给破坏掉，让举腹蚁觉得这棵金合欢树没有价值，不来占领。

1995年，一些美国生物学家在6棵金合欢树周围围起带电栅栏，不让长颈鹿等大型食草动物吃它们的叶子。他们以为在人为的保护下，金合欢树会更加茁壮成长。10年后，他们却惊讶地发现这些受保护的金合欢树日渐枯萎、死亡，而没受保护、任由长颈鹿啃吃的金合欢树却依然长势良好。这是怎么回事呢？进一步的研究解开了这个貌似反常的谜团。

原来，长颈鹿不再来吃金合欢树的叶子之后，金合欢树就"觉得"没有必要讨好蚂蚁，不愿意再浪费能量去制造空心刺和蜜汁，空心刺和蜜汁的量都大为减少。这么一来，褐色举腹蚁反过来觉得金合欢树没有太大的价值，不愿为其着想了。有一种害虫——天牛的幼虫会在金合欢树干上钻孔危害金合欢树，以前褐色举腹蚁会尽力消灭天牛的幼虫，现在则听之任之了。金合欢树分泌的蜜汁少了，褐色举腹蚁就饲养一种能分泌蜜汁的介壳虫解馋。褐色举腹蚁平时也养一些介壳虫，但是量不多，金合欢树不再分泌足够的蜜汁后，褐色举腹蚁才成倍地扩展介壳虫饲养业。这种介壳虫靠吸食金合欢树的汁液为生，本来就对金合欢树的生长不利，而且还传播疾病。

褐色举腹蚁在空心刺里做巢，在那里养育后代。空心刺数量减少，褐色举腹蚁失去了托儿所，数量减少了近一半，遇到入侵的其他蚂蚁时，一方面兵力少多了，另一方面也没了保卫家园的动力，无心恋战，因此在战争中经常被打败。统计表明，在受保护的金合欢树中，褐色举腹蚁丢掉了大约30%的领土。取而代之的是黑色举腹蚁的领土扩张了两倍。黑色举腹蚁经常到树下捉昆虫吃，蜜汁的减少对它们的生存影响不大。空心刺的减少对它们更毫无影响，因为它们并不住在空心刺中，而是住在天牛幼虫挖的洞中。因此黑色举腹蚁不仅不消灭天牛，还鼓励天牛到金合欢树上产卵。黑色举腹蚁的到来对金合欢树来说是一场灾难，金合欢树的生长变得缓慢，死亡率要比生活着其他蚂蚁的金合欢树高出1倍。即使金合欢树死了对黑色举腹蚁也没有什么影响，它们在死树上照样能生存。

因此用电栅栏保护金合欢树的效果适得其反。对哨刺金合欢树来说，被食草动物吃一些叶子，反而是有益健康的好事。电栅栏容易拆掉，保护物种却不那么容易：长颈鹿、大象等大型食草动物的数量正在急剧地减少。即使没有电栅栏，也会有越来越多的哨刺金合欢树不必担心被吃掉叶子。我们可以预测，它们会因此不再犒劳保护它们的举腹蚁，让危害它们的举腹蚁乘虚而入，结果反而让自己陷入绝境。在金合欢树的周围形成了一个复杂的关系网，一环扣一环，一个环节的消失能够导致出乎意料的灾难性后果。不只是金合欢树，每种生物都生活在某个关系网中。

动物识途的奥秘

　　动物如何识途，自古以来是一个十分令人困惑的谜。从老马识途说起，中国古代很早就注意到动物的识途现象。最早的记载是公元前三世纪《韩非子·说林》。说的是管仲跟随齐桓公攻打孤竹（古地名），春去冬回，迷了路。管仲说："老马之智可用也。"齐桓公就让原先带来的马走在队伍前头，果然找到了归路。这就是成语"老马识途"的由来。由此可见，最迟在战国末期，中国的学者已注意到动物的识途本领了。

　　千里重返故里的家犬素有忠义之名，即使远放千里之外，它也会不畏艰险返回故里。可是，这在家猫身上却几乎闻所未闻。

　　莫斯科近郊的顿索夫养了一只名叫姆鲁卡的雌性家猫，1988年顿索夫将姆鲁卡送给远居700公里之外的朋友家。姆鲁卡到达新居后的第二天就踪迹杳无了，令人惊奇的是，一年后，1989年的一天早晨，当顿索夫正欲离家上班时，意外发现疲惫不堪的姆鲁卡正蜷缩在门口。姆鲁卡究竟如何用一年的时间远涉700公里回到老家的，却是一个谜。

　　鸽子也有着惊人的导航能力。说到测距，本领最大的要数鸽子，它们对高度的分辨率竟然可以精确到4微米。据记载，1935年，有一只鸽子整整飞了8天，绕过半个地球，从当时的越南西贡风尘仆仆地飞回法国，全程达11265千米。

　　鸽子是如何认得归家之路的？大家知道，地球是一个硕大无比的大磁体。有些科学家认为，鸽子之所以远在万里之外，依然能重归故里，是因为它们不仅能靠太阳指路，还能根据地球磁场确定飞行的方向，即使在乌云蔽日或大雾笼罩的天气里。

　　为了证实这种见解，科学家给鸽子戴上了黑色的墨镜，使它看不到太阳，也看不到地面上的物体。结果，放飞后的鸽子仍然按照正确的方向，飞回了鸽房。但是假如在鸽子的颈部安上一个带磁性的金属圈，或者将一根小磁棒缚在鸽子的身上，那么在阴天放飞后，它便一去不复返，再也回不了老家。显然，这是因为鸽子四周的磁场发生了变化，使它失去了定向能力。

1978年，美国科学家在鸽子的头部发现了磁石，这是一小块含有丰富磁性物质的组织。他们认为，也许这就是天然的磁场检测器。

鲑鱼是一流航海家。它们在河流里孵化出来，不久游向下游到海洋去，在海里漂游好几年。当到了生殖期，鲑鱼就会洄游到出生的河流。动辄上万公里的航程，在茫茫大海之中，游过许多河口，找回自己的出生地。鲑鱼怎能识途洄游还是一个谜。

信天翁跟鲑鱼的识途本领一样非同小可。科学家做了一个实验，他们把18只生活在中途岛的信天翁运到日本、菲律宾、马绍尔群岛、夏威夷、甚至美国本土的华盛顿州去。过了一段时间，结果有14只先后飞回它们老家中途岛，航程最远的近7000公里。信天翁是如何识途的，又是一个谜。

蚂蚁和蜜蜂等动物能用天空偏振光来导航。偏振光是指只在某个方向上振动，或者某个方向的振动占优势的光，就叫偏振光。太阳光本身并不是偏振光，但当它穿过大气层，受到大气分子或尘埃等颗粒的散射后，便变成了偏振光。

沙漠中有一种蚂蚁，在离开自己的巢穴时，总是弯弯曲曲地前进，到处寻找食物，可是一旦得到食物后，即使在离巢很远的地方，也会沿直线返回原地。它是怎样辨别方向的呢？

科学家让蚂蚁在回巢的路上，戴上"有色眼镜"——使它通过各色滤光片观察天空。结果发现，让蚂蚁看波长为410纳米以上的天空光，会使蚂蚁像迷了路一样，忘记回家的方向；假如给它看波长在400纳米以下的光，蚂蚁一下子便找到了前进的方向。而紫外线的波长正是在400纳米以下，也就是说，蚂蚁是用紫外线导航的。但是，假如使天空光变为非偏振光，蚂蚁的正常行动也会被打乱。

人眼是辨不出偏振光的，人的眼球中只有一块晶体起透镜作用。蚂蚁的眼睛是复眼，它的眼球按不同方向分布着上千块极微小的透镜，能从各种方向接受偏振光。当太阳光从一定方向射来时，在各块小透镜上会感觉出不同光强分布的图像。图像随光线方向改变而变，正是这个图像帮助蚂蚁辨别方向。由此可见，蚂蚁是利用偏振紫外线导航的，它们的眼睛是天然的偏光导航仪。

蜜蜂的偏光导航仪是在头部的复眼中。它的复眼是由6300只小眼组成的，蜜蜂就是靠这些小眼来感受天空的偏振光。科学家按照蜜蜂小眼的构造，制成了八角形的人造蜂眼，用它来观察天空，果然，天空的每个区域都有特有的偏振光图形。科学家从蜜蜂利用偏振光定向的本领中得到启发，制成了用于航空和航海的偏光天文罗盘。

大头金龟子也是按照天空偏振光导航的。有时，它们为了寻找理想的食物——植物的嫩茎绿叶，会沿着曲折的路径蜿蜒前进，但是回家时却总是走捷径，一点也不兜圈子。有人做过一个试验：把金龟子放在一块板上，无论板如何倾斜，只要能看到天空和太阳，它们就能顺利地回家，从来也不会迷失方向。

● 相关链接

太阳和星星指引它飞翔

多数鸟类是在夜间迁徙飞行的。那么，在夕阳西下、夜幕降临的时候，候鸟又是按照什么来定向的呢？实验表明，璀璨的群星是鸟类夜间飞行的"定位仪"。

北欧有一种善于唱歌的小鸟，叫白喉莺。每年秋风骤起的时候，它们便踏上征途：经过巴尔干半岛，飞越地中海，到尼罗河上游地区越冬。研究者把白喉莺放进天象馆，把它放在人造星空的下面。当天象馆的圆顶上映现出北欧特有的秋季夜空时，站在笼子里的白喉莺便把头转向东南，也就是以往在秋天飞行的方向。人造星空上星星的排列，像万花筒似的不断变幻着，白喉莺觉得自己正在沿着熟悉的迁徙路线"飞行"着。当天象馆圆顶上出现希腊南方的夜空时，它转向南方；而当天象变成北非的夜空时，它便径直向南"飞行"。虽然白喉莺仍在原地，既没有在海洋上空飞行，也没有在森林上空翱翔，但是它在笼中的表现，似乎它确实经历了一番旅行，已顺利地到达了越冬地点似的。

鱼世界里的"异类"

在我国闽南南靖县的九龙江和浙江永嘉县的楠溪江水域，有一种名贵的香鱼，它的脊背上有一条充满香脂的腔道，能散发出香味。在尼日尔的喀通牧村也有一种奇特的香鱼，它的头顶长有一个香腺，全身散发出一股浓郁的香味，闻之令人心旷神怡。当地人常用这种鱼来帮助贮藏食品。据说，香鱼散发出的香气是一种高效无毒的杀菌驱霉剂。

脱帽鱼生活在苏丹的埃宾河里，头部附生着一个帽形的外壳。如果外壳被外敌抓住，它就会迅速地收缩身体，将连接外壳的肉筋咬断，来个金蝉脱壳——"脱帽"而逃。

吸盘鱼的第一背鳍变态形成吸盘，它就用吸盘附于鲨鱼或其他大鱼、舰船的底部，让这些大动物或舰船带着它周游世界各大洋，故有"最懒的海洋鱼类"和"免费旅行家"之称。渔民捕获活的吸盘鱼后，用绳子捆住它的尾柄，放归大海，再让它吸附于海龟或大鱼身上，从而钓取海龟和大鱼。

鱼离不开水，可是，非洲却有一种怕水的鱼。这种鱼如果被水淹没头部，不消两三分钟，它就会窒息死亡，原来，这种鱼的呼吸器官与陆栖动物相似，只能把头浮在水面上进行呼吸，从不沉入水中，当地人称它为"浮鱼"。

清洁鱼是一种生活在海洋里的鲜艳夺目的小鱼，专为生病的大鱼做清洁工作，故又叫"鱼大夫"。因受到细菌等微生物和寄生虫的侵袭而生病的大鱼前来求医时，只需张开大口，小小的清洁鱼便会进入它嘴里、喉咙里和牙缝间，不用任何药物和器械，只凭尖嘴去清洁病鱼伤口上的坏死组织和致病的微生物，而这些被清除的污物却成了它赖以生存的食物。

我国东海、南海一带生长着一种电鳐鱼。在海边作业的人们一旦踩着它，立刻会感到浑身麻木，好像触电一样，严重时甚至会当场晕倒。这种鱼喜欢潜伏在海底泥沙里，饥饿时才从泥沙里钻出来。它觅食的绝招是游进鱼虾群中频频放电，待对方被麻晕不能游动时再将其吞食。当它遇到敌害攻击时，便放电回击。据测定，它发出的电压通常为70—100伏，最高达220伏，能使我们室内照明用的白炽灯发光呢！

在墨西哥发现一种鱼，它的头上长着一条长达3米的带子，上面还长着一个肉质的钩子，钩子能散发出鱼儿喜欢闻的气味。它自己藏在洞内，伸出"鱼钩"便常常可以钓到鱼吃。

我国南海有一种能捉老鼠的鲇鱼。晚上它游到岸边的浅滩，把尾巴露出水面，装成一条死鱼，觅食的老鼠发现后，会去咬它的尾巴，这时鲇鱼立即使出全身力气，趁机把老鼠拖入水中。

在印度阿明迪维群岛和拉克代夫群岛附近的海水中，栖息着一种鹦鹉鱼，每当夜幕降临，它便分泌出一种晶莹透明且黏度极高的黏液，将自己浑身上下严严实实地包裹起来，就像穿上了一件漂亮华贵的"睡衣"。这"睡衣"异常坚固，任何凶猛的海洋动物都无法触犯它。

能爬树的鱼生活在非洲西海岸，体形粗壮，它凭借强有力的胸鳍的支持以及自身的弹跳力和尾部的推动，居然可以从海里跃至陆地，在陆地上跳跃、爬行乃至攀缘树木，寻觅小虫为食。

沙漠里的喊泉

沙漠涌泉本身就令人称奇了，但如果喷涌的泉水还能随着人们的喊声或周围的响声发生变化，无疑是奇上加奇了。泉水本是无生命的东西，怎么可能听得懂人类的语言呢？这听起来好像不太可信。然而，相传在年降水量很少，被称为"生命禁区"的内蒙古阿拉善腾格里沙漠腹地的通湖草原，有一个叫水稍子的地方，据说那里有口泉，泉眼在"听"到人的喊声后，马上就能涌出泉水。

在水稍子附近居住的牧民中，流传着有关这口泉众多版本的传说，传说中都试图解释泉眼因声音涌水的神奇所在。喊泉周边生活着十几户人家，他们追水流而生存，日复一日地过着自给自足的沙漠田园生活。近几年，被牧民们视为生命之泉的泉水，不仅毫无缘由地闻声涌泉，面积还逐年变小。他们不知道他们的生命之泉会不会慢慢消失？来到泉边，对着泉中央的泉眼，大声呼喊时，奇异的现象真的出现了——泉中央泛起了一圈圈涟漪，涟漪渐渐扩散开来，泉水开始往外冒，当安静下来时，泉水也就慢慢地退去，但奇怪的涌泉现象并没有传闻中那么显著。

在上世纪80年代初，在腾格里沙漠找水时发现这眼泉的两位地质专家之一王专家回忆说："1980年我们来调查的时候，这个泉往上面哗哗地冒，往上翻那个咕嘟就有七八十厘米那个样子。但是这几年看它咕嘟出来相对就没有多少了，就有四五十厘米高了。"什么原因？据介绍，阿拉善地区的雨季多集中在7、8、9月，而我们是在4月份的旱季抵达阿拉善的。专家告诉我们，以前这里还是湖泊的时候，面积大约有几十平方千米，后来湖泊面积逐渐变小，不是雨季的时候就没水了。所以牧民们描述的，泉水会因为人的喊声冒出是可能存在的。那么涌泉与声响到底有没有联系呢？泉水真的能随声而涌出吗？

王专家说："喊声大了以后，发生震动，一震动，含水的地层重新组合排列，这个水就挤出来了，一没声它就回去了。就像我们拧湿毛巾一样，你看着毛巾湿不流水，你一拧水就出来了。喊声产生声波，水面承受的声波产生压力，形成闻声涌泉的声波理论，似乎已经破解了喊泉之谜。但是这些泉水又是从何而来呢？就在我们一筹莫展的时候，当地人又讲述了一些离奇现象。一位摩托车司机说，有一次他从这里路过，到这发现下面有泉眼冒水，当时他没在意就走了，后来从这走了好几次，发现它经常冒，冒得还挺大，他有点好奇，就停车灭了火以后下去看个究竟，到了下面一看它不冒了。第二天当他再次路过喊泉的时候，便发现岸边有一些凌乱的骆驼尸骨。大伙都猜测，这只骆驼很可能是被泉中的不明怪物拖下水的。并且每次怪物出现之前，水面就会出现一圈圈奇怪的涟漪。当有这个现象以后，旁边老百姓都纷纷搬家了。这些奇异现象会给这里的牧民们带来什么样的灾难？它又预示着什么？一时间人心惶惶，甚至一些牧民还时常会上香祷告，祈求神灵保佑。"

一连串的奇怪现象，给喊泉笼罩上了厚厚的迷雾。有人说这是地震的前兆，也有人说预示着灾难的来临。这让牧民们想起同属阿拉善境内的红沙湖：1981年春天，从红沙湖拔地而起的"黑色风暴"所到之处，人丢畜死，树断田毁，将周边的40000多亩土地，一夜之间夷为了沙丘和荒漠，喊泉附近的牧民们担心同样的事情也会在这里发生。为了尽快消除当地牧民心中的疑虑，国家地震局地震预测研究所的杜建国教授，在宁夏地震局的配合下，带着地震器、数据采集器等仪器来到现场进行勘测。但是专家们并没有从监测数据中看到反映地壳异常活动的信息，这表明当地的地质结构稳定。发生地震的可能性可以被排除。可是这涌动的泉水又是从何而来呢？为了解开疑惑，专家们又在泉边开始了呼喊。然而这一次体验，使他们对声波导致涌泉的理论产生了怀疑。泉水并没有跟随喊声发生变化，有喊了不冒的，也有不喊在冒的。这是怎么回事呢？难道这声音振动的推论又存在着问题吗？声波图可以明显地证明没有什么明显的变化。地震局杜专家说："我们再一次从仪器监测证明这个喊泉不是声音喊得翻上来。刚才观测到了，喊了它确实比喊前翻得大。但也有喊了它并没有变化，还有喊了反而它不翻的。"

这样的结果是谁也没有想到的。但是如果声音和涌泉现象没有关系的话，那又为什么会有那么多目击者？有一种猜测说是温泉，地下水受下方的地热加热成为热水，会使处于高压状态下的热水，循裂隙上升涌出地表，形成温泉。这就跟高压锅原理一样。难道水稍子的泉水也是温泉吗？王专家说："它水温不高，我们测过，水温和正常的水温一样。"很显然温泉的说法不成立。专家们推测，在200多万年前，黄河古道曾流经腾格里沙漠，而涌泉现象则是由地质构造断裂带造成的。这些泉眼位于一条大的地质断裂带上，地势是南高北低，地形低洼的地方就形成若干个泉点，从东南向西北延伸，泉点呈线状分布一直到70公里以外的地方。最高处为东南部贺兰山主峰，水不断地从高处向低洼处渗透，透过空隙往上涌，形成涌泉。可涌泉现象怎么会时断时续呢？会不会是水下生物异动，形成水的震荡，诱发断断续续的涌泉现象呢？

杜建国专家认为，湖上的生物只是微生物，大多数微生物没有什么大的力量。那会不会是泉水下的微生物腐烂后，所产生的气体，将地下水顶上地面呢？这个猜测在专家对喊泉的水质成分进行分析后被否定了，化验证明泉水里并没有沼气成分。专家把目光投向了喊泉周边特有的地理环境上，沿着喊泉所在的地质断裂带向前走，发现都存在时断时续的涌泉现象。由于这些泉眼在沙漠的腹地，因此泉眼处有很多泥沙。

杜专家说："这个地区由于风沙流到泉眼里面形成一个泥浆。泥浆的比重大于清水的比重，那么对下面正常流动起阻碍作用。这个泉眼里的泥水通过沙粒的混入和沉淀改变了比重，所以泉就会出现间歇性的流动现象。泥浆由于自身重力会产生沉淀，阻碍泉水的涌出，由于水的源头在贺兰山，有一定的高度，当水压差足够大时，又能将泥沙顶开，泉水再次涌出地表。"